全国高职高专机械设计制造类工学结合“十二五”规划系列教材
丛书顾问　陈吉红

金工实训

主　编　金　濯　李传军
副主编　陈建国　吴如樵　郑　龙
　　　　刘翔宇　徐晓东
主　审　苏海青

华中科技大学出版社
中国·武汉

内 容 提 要

本书是根据实际生产中主要的金属加工工艺方法并结合高职院校实际教学情况编写的。本书内容由钳工加工、普通车削加工、铣削加工、钣金加工、焊接加工、铸造加工和数控车削加工7个学习情境组成，每个学习情境按照由易到难、由简单到复杂的原则分为若干个典型工作任务。每个典型工作任务根据工作过程系统化的课程开发原理进行编写，力求体现资讯、决策、计划、实施、检查、评估的完整工作过程，使教学过程与生产过程紧密结合。

本书体现了以工作过程为导向的教学思路，适合项目式教学，可作为三年制高职院校或五年制高职院校制造大类专业和成人教育学校、开放大学等职业院校相关专业的教学用书，也可作为技术人员自学和培训用书。

图书在版编目(CIP)数据

金工实训/金濯，李传军主编. —武汉：华中科技大学出版社，2014.6（2022.1重印）
ISBN 978-7-5680-0217-2

Ⅰ.①金… Ⅱ.①金… ②李… Ⅲ.①金属加工-实习-高等职业教育-教材 ①Ⅳ.TG-45

中国版本图书馆CIP数据核字(2014)第135734号

金工实训 金 濯 李传军 主编

策划编辑：万亚军
责任编辑：张宇翔
封面设计：范翠璇
责任校对：封力煊
责任监印：徐 露
出版发行：华中科技大学出版社(中国·武汉) 电话：(027)81321913
武汉市东湖新技术开发区华工科技园 邮编：430223
录 排：湖北翰之林传媒有限公司
印 刷：广东虎彩云印刷有限公司
开 本：710mm×1000mm 1/16
印 张：12
字 数：238千字
版 次：2022年1月第1版第10次印刷
定 价：29.80元

全国高职高专机械设计制造类工学结合“十二五”规划系列教材

编 委 会

前　　言

为了满足新形势下高职人才培养要求，在总结近年来基于工作过程系统化的课程教学实践的基础上，来自江苏农牧科技职业学院、承德石油高等专科学校和成都农业科技职业学院教学一线的教师们编写了本书。

本书为全国高职高专机械设计制造类工学结合"十二五"规划教材。在编写过程中，根据实际生产中主要的金属加工方法，结合高职院校教育教学改革发展实际情况，应用工作过程系统化的课程开发理论，将全书内容设计为钳工加工、普通车削加工、铣削加工、钣金加工、焊接加工、铸造加工和数控车削加工等7个学习情境29个典型工作任务。其中，每个学习情境按照由易到难、由简单到复杂的原则分为若干个典型工作任务，每个典型工作任务体现资讯、决策、计划、实施、检查、评估的完整工作过程，以使教学过程与生产过程紧密结合。在学习载体的选择上，本书尽量采用基于生产实际的典型零件和具有实际使用价值的零件，着力体现生产性实训的要求，降低实训成本，激发学生的学习积极性；在编写形式上，本书根据高职学生的认知特点，尽量采用图示方式展开内容；在内容选择上，本书结合金工实训教学要求，加入了任务准备、任务评价等内容，以便教学。总之，本书内容丰富、详略得当、实用性强，符合高职院校教育教学规律。

本书可作为三年制高职院校或五年制高职院校制造大类专业和成人教育学校、开放大学等职业院校相关专业教学用书，也可作为技术工人自学和培训用书。各院校可根据专业教学实际选用有关内容。

本书由江苏农牧科技职业学院金濯、承德石油高等专科学校李传军担任主编；成都农业科技职业学院陈建国，江苏农牧科技职业学院吴如樵、郑龙，承德石油高等专科学校刘翔宇、徐晓东担任副主编；由承德石油高等专科学校苏海青教授主审。本书的编写得到了教育部高职高专机械设计制造类教学指导委员会主任委员陈吉红教授的指导，以及各参编院校、有关合作企业的大力支持，在此表示衷心的感谢！

由于编者水平有限，书中难免存在缺点和错误，恳请读者批评指正。

编　者

2014年5月

目　录

引　　言

一、课程的任务

金工实训对学生的素质和能力的培养起着重要的作用，既要求学生学习各工种的基本工艺知识、了解设备原理和工作过程，又要求学生具有实际动手能力，还要求学生具备运用所学知识分析、解决简单工艺问题的能力。开设该课程的目的是提高学生的综合素质，培养其创新意识，加强其实践能力。

二、课程的特点

(1) 教学内容实。金工实训中大部分时间是在现场动手操作实践、学习，学生需要及时地适应本课程的教学方式。学生社会实践和劳动实践活动较少，工程实践的机会更少，学好本课程可以弥补学生实践能力的不足。学生不但要有学习能力，而且要有协调及沟通能力，学习本课程可以为学生以后工作打下一定的基础。

(2) 安全要求严。金工实训场地复杂、设备种类繁多、危险因素多，所以必须时刻注意人身、设备安全，严格执行安全操作规范。需要学生树立安全意识、自律意识，提高应变能力。

(3) 训练强度大。金工实训各个工种都有规范的操作姿势，且需要较长时间、全神贯注地操作，这对学生的体能、意志都是很好的考验。实训中涉及的工种多，内容繁杂且时间短。实训一般以组为单位，由指导教师或班长指定组长，协助指导教师进行日常的实训管理。

三、课程的学习方法

(1) 严格遵守车间各项规章制度及安全操作规程，确保实训安全。

(2) 端正学习态度，高度重视实践训练，实训前应认真预习实训教材，并在实训中完成规定的内容。

(3) 注重平时的学习，专心听讲，认真记好笔记。实训时要时刻注意指导教师的每一句讲解和每一步演示，透彻理解实践要求。

(4) 注重课后的复习。课后多看书，多与同学交流操作体会，这对巩固实训学习成果会有很大的帮助，特别是在实训的后半段时间，所学的知识多而杂，需要更多地总结和复习。

四、金工实训的安全知识

(1) 实训前要认真学习《金工实训学生守则》，以及相应工种的安全技术规范，并严格遵守。

(2) 实训时应穿戴好劳动防护用品，不准穿拖鞋、高跟鞋、短裤、风衣或裙子进入实训场所。上衣的扣子必须扣好，袖口不得敞开，衬衫要扎入裤内。长发学生必须戴好工作帽，并将头发纳入帽内。

(3) 严格遵守作息时间，按时上下课，不迟到、不早退、不串岗，有事必须请假。

(4) 严格遵守规章制度，服从指导人员的指挥，不做与实训无关的事情，文明实训。工作间隙休息时，不得在实训厂区闲逛、打闹。

(5) 尊重实训指导教师，认真听取教师的讲解，细心观察教师的示范，仔细揣摩操作要领和技巧。

(6) 实训时应集中精神，保证人身和设备安全；在注意自己安全的同时，也要注意其他同学的安全。

(7) 实训应在指定设备上进行，严禁动用车间内外任何非实训设备；操作机床时，严禁戴手套；必须用专门的工具清除铁屑，严禁用手移除或用嘴吹除铁屑。

(8) 爱护设备及工具。工作结束后应认真清理所用设备及工具，将夹具、刀具、量具等工具整齐有序地放入工具箱中，以防损坏或丢失。

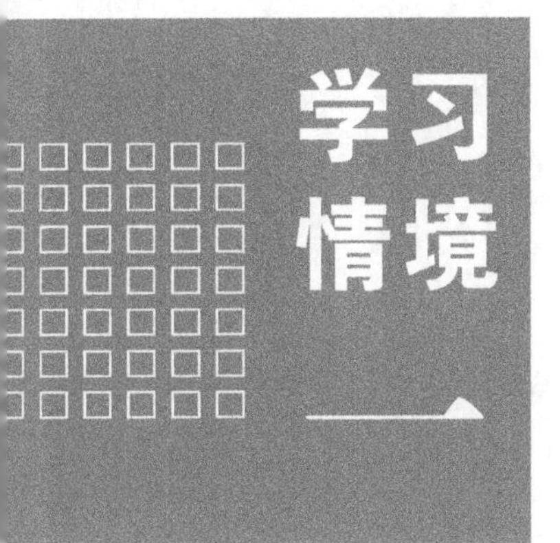

钳工加工

钳工是利用台虎钳、手工工具和钻床、砂轮机等设备，按照技术要求对工件进行加工、修整，对部件、机器进行装配、调试和对各类机械设备进行维护、检修的工种。钳工技术历史悠久、工具简单、操作灵活，可以完成不方便机器完成或机器难以完成的工作，所以钳工又称为“万能工种”。

为了适应不同工作的需要，钳工分为装配钳工、划线钳工、修理钳工、工具和夹具钳工等。

任务一　认识钳工设备、工具和量具

一、任务目标

了解钳工工作常用设备和常用工具及量具，并掌握其基本使用方法。

二、背景知识

（一）钳工工作的基本内容

虽然钳工有不同的专业分工，但都必须掌握好基本操作。钳工工作的基本内容有：划线、錾削、锯削、锉削、钻孔、扩孔、锪孔、铰孔、攻螺纹与套螺纹、矫正与弯曲、铆接、刮削、研磨、技术测量和简单热处理等，以及对部件或机器进行装配、调试、维修等。

（二）钳工工作的常用设备

钳工工作的常用设备主要有钳台、台虎钳、砂轮机、台式钻床(简称台式钻床)等。

1. 钳台

钳台也称钳工台或钳桌，用木材或钢材制成，其样式可以根据使用要求和使用条件决定，主要作用是安装台虎钳，如图 1-1 所示。钳台台面一般是长方形，长、宽尺寸由工作需要决定，高度一般以 800～900 mm 为宜，以便安装台虎钳后，钳口的高度与一般操作者的手肘平齐，使操作方便、省力。

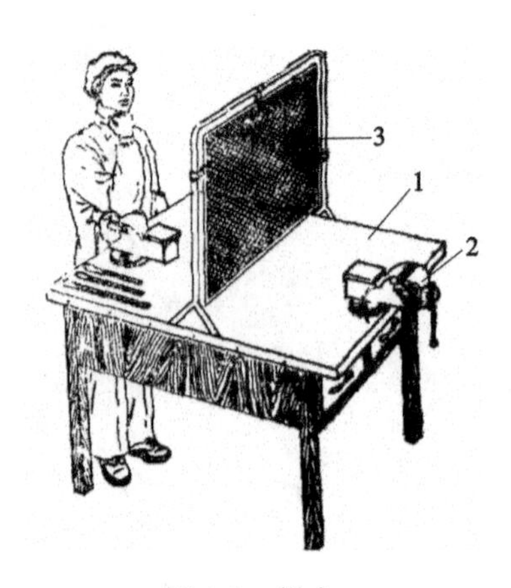

图 1-1　钳台

1—钳台；2—台虎钳；3—护网

2. 台虎钳

台虎钳用来夹持工件，其规格用钳口的宽度表示。常用的钳口宽度有 100 mm、125 mm、150 mm 等。台虎钳有固定式和回转式两种，其主要结构和工作原理基本相同。

回转式台虎钳的钳身可以回转，能满足不同方位的加工需要，使用方便，应用广泛。它由固定钳身 2 和活动钳身 1 两部分组成，其结构如图 1-2 所示。固定钳身装在转盘底座 11 上，并能在转盘底座上绕其中心线转动。当转到合适的加工方位时，扳动手柄 12 使夹紧螺钉旋紧，带动夹紧盘 13 使固定钳身与转盘底座紧固。转盘底座上有 3 个螺栓孔，以便把台虎钳固定在钳台上。螺母 4 与固定钳身相固定，活动钳身通过导轨与固定钳身的导轨孔相滑配，丝杠 3 穿过活动钳身与螺母配合。转动摇手 5 使丝杠旋转时，可带动活动钳身相对固定钳身进退移动，完成夹紧或松开工件的动作。为了避免在夹紧工件时丝杠受到冲击力，松开工件时活动钳身能平稳退出，丝杠上套有弹簧 6，并用挡圈 7 将其固定。为了防止钳身磨损，固定钳身和活动钳身上用螺钉 10 固定钢制钳口 9，钳口上有交叉斜纹，以便夹紧工件时工件不易滑动。钳口需淬火，以延长使用寿命。

使用台虎钳时应注意以下几点。

(1) 在钳台上安装台虎钳时，台虎钳固定钳身的钳口工作面一定要处于钳台边缘之外，以免在夹持长工件时工件下端受到钳台边缘的阻碍。

(2) 台虎钳必须紧固在钳台上，工作时两个夹紧螺钉必须扳紧，保证钳身无松动现象，以免损坏台虎钳和影响加工质量。

(3) 夹紧工件时松紧要适当，只能用手力拧紧，而不能用手锤敲击手柄或套上长管子扳手柄：一是防止丝杠与螺母及钳身因受力过大而损坏，二是防止夹坏工件表面。

(4) 强力作业时，作用力应尽量朝向固定钳身，以免增加活动钳身、丝杠、螺

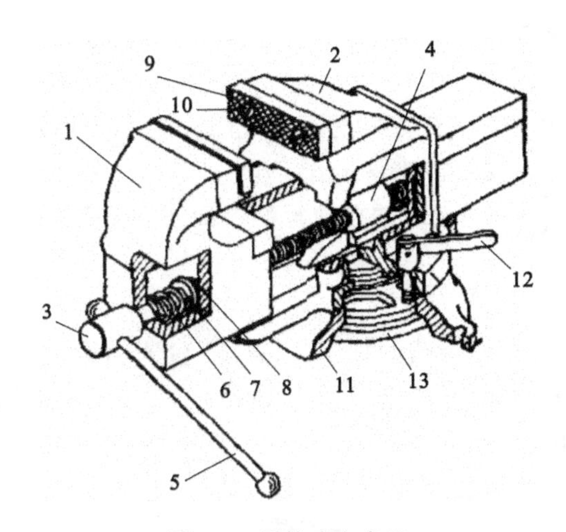

图 1-2　回转式台虎钳

1—活动钳身；2—固定钳身；3—丝杠；4—螺母；5—摇手；6—弹簧；7—挡圈；
8—开口销；9—钳口；10—螺钉；11—转盘底座；12—手柄；13—夹紧盘

母的负载，影响其使用寿命。

(5) 不能在活动钳身的光滑平面上进行敲击作业，以免降低其与固定钳身的配合性。

(6) 对丝杠、螺母等的活动表面，应经常清洁、润滑，以免其生锈。

3. 砂轮机

砂轮机可供钳工磨削各种刀具或工具，如錾子、钻头等。它由砂轮、电动机、砂轮机座、托架和防护罩等组成，如图 1-3 所示。

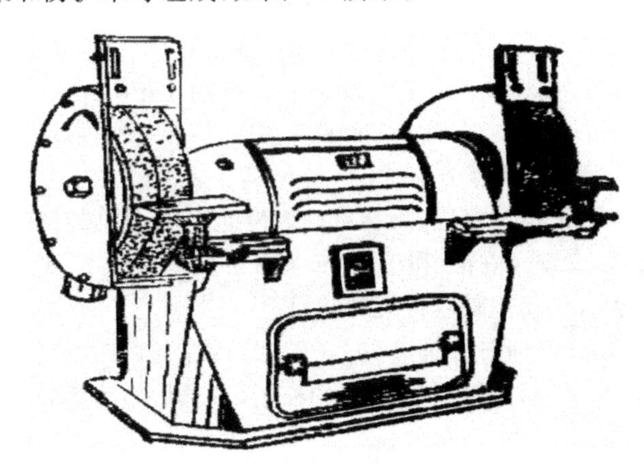

图 1-3　砂轮机

砂轮质地较脆，工作时转速较高，使用时用力不当会发生砂轮碎裂事故和人身安全事故。因此，安装时一定要保证砂轮的平衡，使其旋转时没有振动。工作时要严格遵守如下安全操作规程。

(1) 砂轮的旋转方向要正确，以使磨屑向下方飞离砂轮。

(2) 砂轮机启动后，应等砂轮旋转平稳后再开始磨削。若发现砂轮有明显跳动，应及时停机修整。

(3) 砂轮机的托架与砂轮之间的距离应保持在 3 mm 以内，以防止被磨削件轧入砂轮防护罩内，造成砂轮破裂飞出。

(4) 磨削过程中，操作者应站在砂轮的侧面或斜对面，而不要站在砂轮的正对面。

4. 钻床

钻床常被用于进行各类孔的加工。钻床有台式钻床、立式钻床和摇臂钻床等。其中，台式钻床(见图 1-4)是一种小型钻床，一般用于加工小型工件上直径不超过 12 mm 的孔。

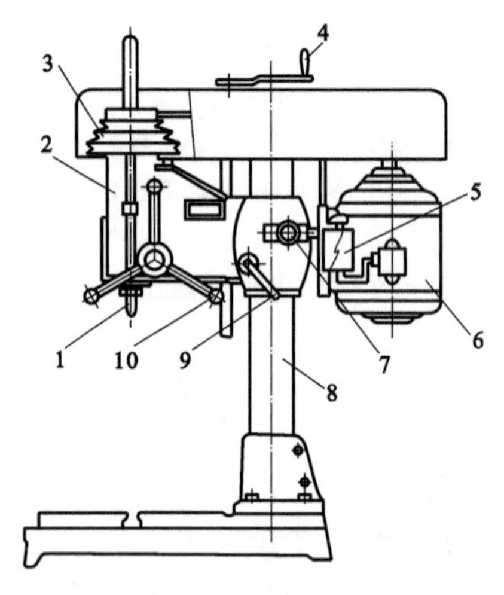

图 1-4　台式钻床

1—主轴；2—头架；3—塔轮；4—摇把；5—转换开关；
6—电动机；7—螺钉；8—立柱；9—手柄；10—手动进给手柄

1) 台式钻床转速的调整方法

操纵转换开关，使电动机正、反转启动或停止。电动机的动力由装在电动机和头架上的五级 V 带轮(塔轮)和 V 带传递给主轴。改变 V 带在两个塔轮五级轮槽上的安装位置，可使主轴获得五种转速。

钻孔时主轴必须顺时针方向转动(正转)。变速前必须先停车。松开螺钉 7 可推动电动机前后移动，借以调节 V 带的松紧，调节后应将螺钉拧紧。主轴的进给运动由手动进给手柄 10 控制。

2) 台式钻床头架的升降调整方法

头架安装在立柱上，调整时，先松开手柄 9，旋转摇把使头架升降到需要位置，然后再旋转手柄 9 将其锁紧。

3) 钻床维护保养注意事项

(1) 在使用过程中，工作台面必须保持清洁。

(2) 钻削通孔时钻头必须能通过工作台面上的让刀孔，或在工件下面垫上垫铁，以免钻坏工作台面。

(3) 不用钻床时必须将钻床外露滑动面及工作台面擦净，并对各滑动面及注油孔加注润滑油。

(三) 钳工常用工、量具

常用工具有划线用的划针、划规、样冲和平板，錾削用的手锤和其他各种錾子，锉削用的各种锉刀，锯削用的锯弓和锯条，孔加工用的麻花钻、铰刀，攻螺纹、套螺纹用的各种丝锥、板牙和铰杠等。

钳工基本操作中常用量具有钢直尺、刀口尺、游标卡尺、千分尺、90°角尺、游标万能角度尺、塞尺等。

工具和量具的摆放要求如下。

(1) 在钳台上工作时，为了取用方便，右手取用的工具或量具放在台虎钳的右边，左手取用的工具或量具放在台虎钳的左边，各自排列整齐，且不能使其伸到钳台边以外。

(2) 量具不能与工具或工件混放在一起，应放在量具盒内或专用板架上。

(3) 常用的工具和量具要放在工作位置附近。

(4) 收藏工具和量具时，要将其整齐地放入工具箱内，不应任意堆放，以防损坏和取用不便。

1. 游标卡尺

游标卡尺是使用频率最高、应用最为广泛、使用最为方便的一种量具，常用的测量精度为 0.02 mm。

1) 游标卡尺的结构与组成

游标卡尺的结构与组成如图 1-5 所示。

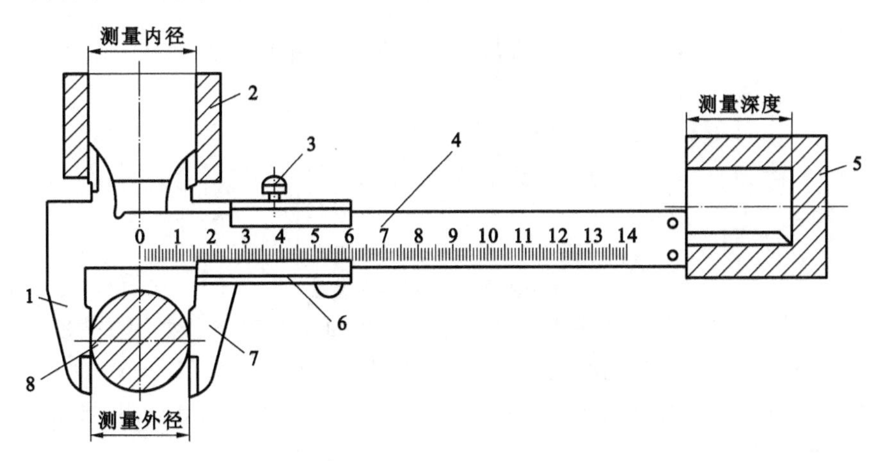

图 1-5 游标卡尺的结构与组成

1—固定卡脚；2,5,8—工件；3—制动螺钉；4—主尺；6—游标；7—活动卡脚

2）游标卡尺的功用

游标卡尺的功用如图 1-6 所示。

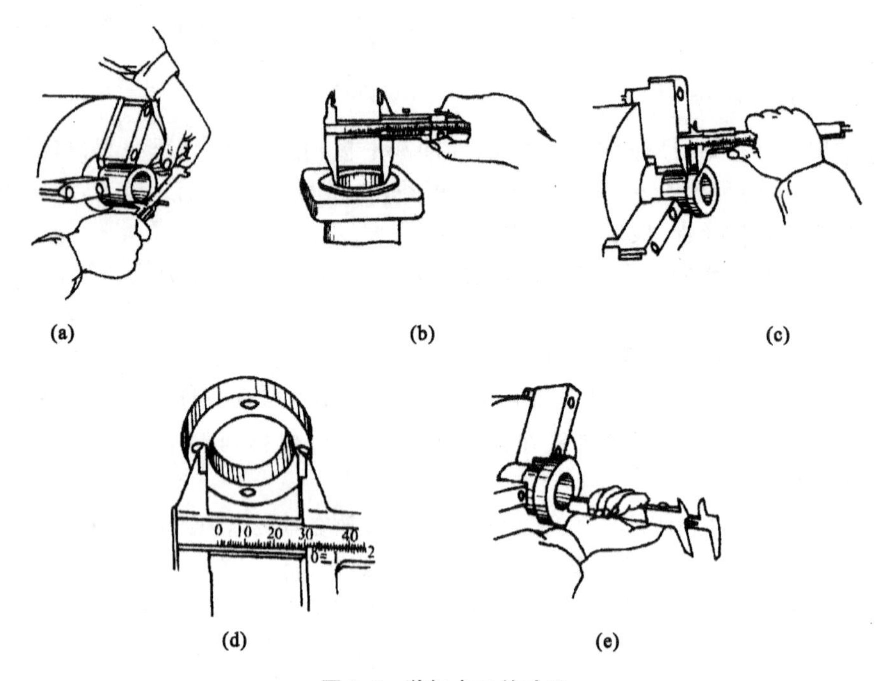

图 1-6　游标卡尺的功用

(a) 测量外径；(b) 测量内径；(c) 测量长度；(d) 测量孔距；(e) 测量深度

3）游标卡尺的读数

读整数：读游标零线与主尺对应的整毫米数。以图 1-7 所示精度为0.02 mm的游标卡尺的读数为例，整毫米数为 23。

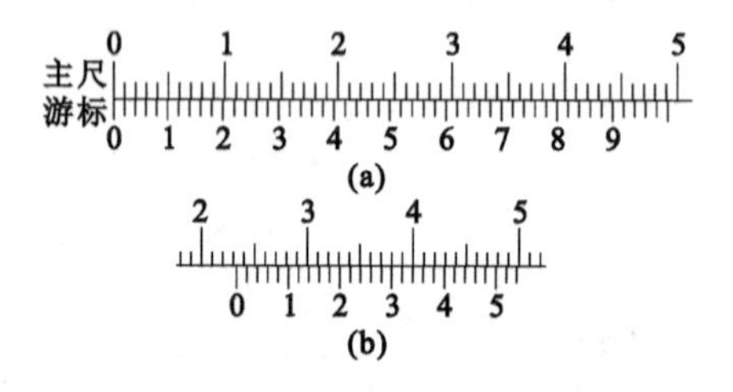

图 1-7　游标卡尺尺寸读法

(a) 未测量状态；(b) 测量状态

读小数：看游标上第几条刻度线与主尺上的刻度线对齐。如图 1-7 所示，游标第 15 条刻度线与主尺刻度线对齐，则小数部分即为 15×0.02 mm。

总尺寸(L)＝整数部分＋小数部分＝(23＋15×0.02)mm＝23.30 mm。

2. 千分尺

千分尺又称螺旋测微器，是工程上常用的重要的量具之一，是一种精密测量量具，其测量精度比游标卡尺的高，达到 0.01 mm。

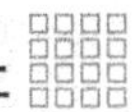

1）千分尺的结构与组成

千分尺的结构与组成如图 1-8 所示。

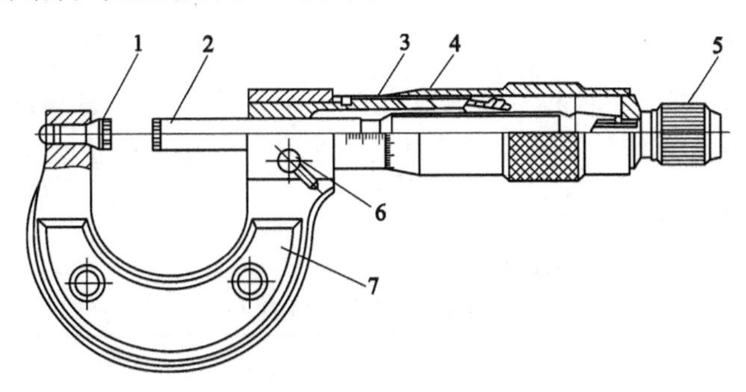

图 1-8　千分尺的结构与组成

1—测砧；2—测微螺杆；3—固定套筒；4—活动套筒；5—测力装置；6—止动器；7—尺架

2）千分尺的读数

根据螺旋运动原理，当活动套筒（又称可动刻度筒）旋转一周时，测微螺杆前进或后退一个螺距（0.5 mm）。这样，活动套筒旋转一个分格，螺杆就沿轴线移动$\left(\frac{1}{50}\times 0.5\right)$ mm＝0.01 mm（活动套筒一周有 50 分格）。因此，使用千分尺可以准确读出 0.01 mm 的数值。如图 1-9(a)、(b)所示的读数分别为 6.05 mm 和 35.62 mm。

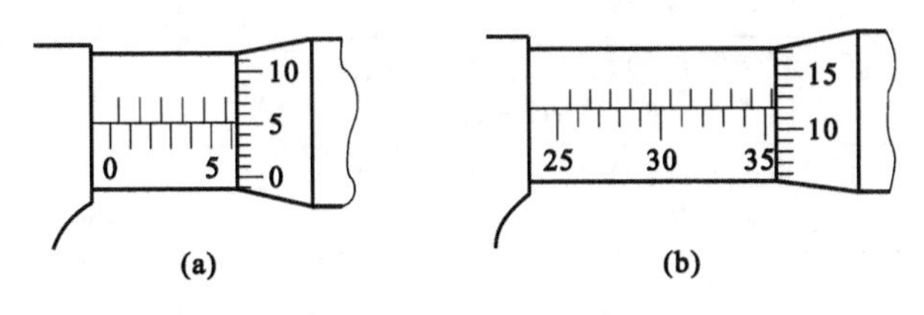

图 1-9　千分尺的读数

三、任务分析

（1）了解钳工工作的基本内容。

（2）掌握常用钳工量具和设备的使用方法。

四、任务准备

活动扳手（2 个），黄油若干，台虎钳，台式钻床，钳工工具、量具，润滑油。

五、任务实施

（1）先由教师演示台虎钳拆装、注油等过程，并介绍各零件名称，之后学生练习对台虎钳的拆装，同时对台虎钳进行清洁去污、注油等维护保养工作。

（2）先由教师演示台式钻床的转速、主轴头架调整和工作台升降等过程，之后学生练习台钻的转速、主轴头架调整和工作台升降等操作。

(3) 认识各种钳工工具和量具，知道常用工具的使用场合，熟练掌握常用量具的使用方法。

六、质量检查

从表述常用钳工工具的名称及用途的准确性，常用钳工量具的识读、常用钳工设备拆装、调整操作的正确性两方面对学生学习效果进行检查。

七、任务评价

根据表 1-1 对学习过程进行评价。

表 1-1 任务评价表

学习小结：

内容	评价要求	分值	学生自评	教师评分
学习态度	遵守学习纪律，不迟到，不早退，学习认真	10		
安全文明生产	正确执行安全文明操作规程，场地整洁，工件和工具摆放整齐	10		
台虎钳拆装	操作方法正确，工具选择合理	15		
台式钻床调整	熟练掌握台式钻床转速、主轴头架调整和工作台升降的操作	15		
游标卡尺识读	正确测量零件的长度、外径、内径、孔距和孔深，并快速、准确读出测量值	30		
千分尺识读	正确测量零件的长度、外径，并快速、准确读出测量值	20		
合计		100		

教师寄语：

任务二 平面划线

一、任务目标

(1) 正确使用平面划线工具。

(2) 掌握正确划线和冲眼的操作方法。

(3) 划线达到线条清晰、粗细均匀，尺寸误差不大于±0.3 mm 的要求。

二、背景知识

根据实训要求，用划线工具准确地在工件表面上划出加工界线的操作，称为划线。

（一）划线工具及其使用方法

1. 钢直尺

钢直尺是一种简单的尺寸量具，使用方法如图 1-10 所示。在尺面上刻有尺寸刻线，最小刻线距为 0.5 mm，其长度规格有 150 mm、300 mm 等。它主要用于量取尺寸、测量工件，也可用作划直线时的导向工具。

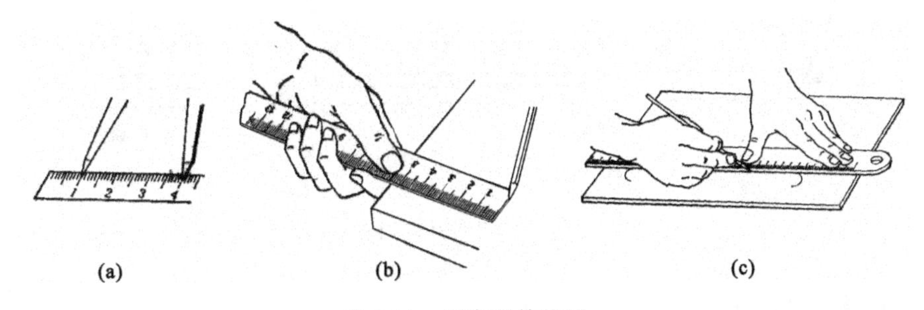

图 1-10　钢直尺的使用

(a) 量取尺寸；(b) 测量工件；(c) 导向工具

2. 划线平台

划线平台由铸铁制成，如图 1-11 所示，其工作表面经过精刨或刮削加工，作为划线时的基准平面。划线平台一般用木架搁置，放置时平台工作表面应处于水平状态。

使用要点：平台工作表面应经常保持清洁，在平台上要轻拿、轻放工件和工具，不可损伤其工作表面。用后要擦拭干净，并涂上润滑油防锈。

3. 划针

划针用于在工件上划线条，用弹簧钢丝或高速钢制成，直径一般为 3～5 mm，如图 1-12 所示。有的划针在尖端部位焊有硬质合金，耐磨性较好。

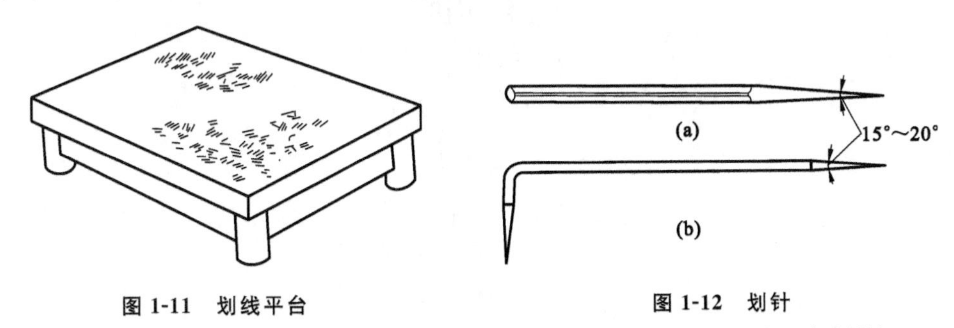

图 1-11　划线平台

图 1-12　划针

(a) 高速钢直划针；(b) 钢丝弯头划针

使用要点：在用钢直尺和划针划连接两点的直线时，应先用划针和钢直尺定好后一点的划线位置，然后调整钢直尺对准前一点划线位置，划出两点的连接直线。划线时针尖要紧靠导向工具的边缘，上部向外侧倾斜 15°～20°，向划线移动方向倾斜约 45°～75°，如图 1-13 所示。针尖要保持尖锐，划线要尽量做到一次划成，使划出的线条既清晰又准确。不用时，划针不能插在衣袋中，最好套上塑料管，避免针尖外露。

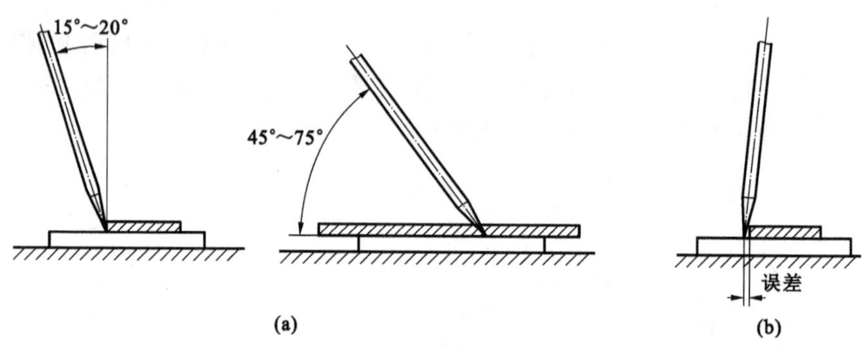

图 1-13　划针的使用

(a) 正确；(b) 错误

4. 高度游标卡尺

高度游标卡尺如图 1-14 所示。它附有划针脚，能直接表示出高度尺寸，读数精度一般为 0.02 mm，可作为精密划线工具。使用前，松开尺框上的紧固螺钉，用布将平板、高度游标卡尺底座以及划线量爪测量面、导向面擦干净。然后检查零位，轻推尺框，使划线量爪测量面紧贴平板，游标零位线应与尺身零位线对齐，读数为零。

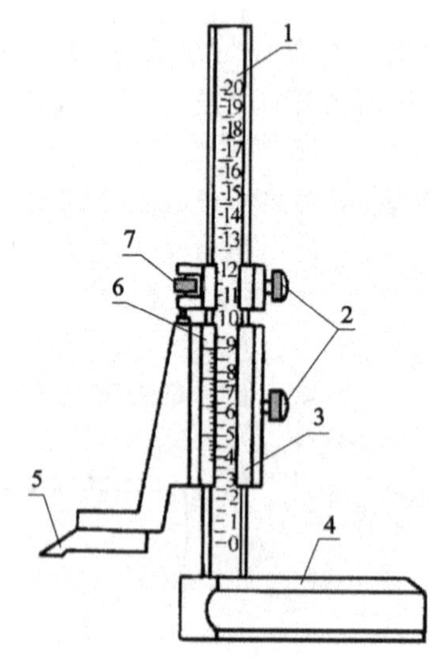

图 1-14　高度游标卡尺

1—尺身；2—紧固螺钉；3—尺框；4—底座；5—划线量爪；6—游标；7—微调手轮

注意:无论使用与否,高度游标卡尺都应站立放置。搬动高度游标卡尺时,应一手托住底座,一手扶住尺身,防止跌落,并避免碰撞使尺身变形。

5. 划规

划规(见图 1-15)主要用于划圆及圆弧、等分线段和角度以及量取尺寸等。

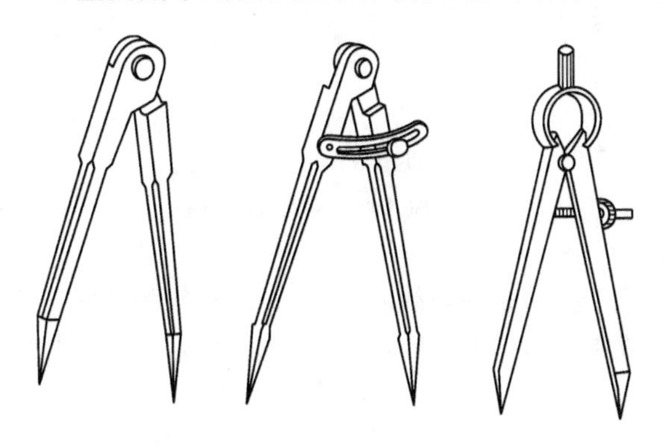

图 1-15 划规

使用要点:划规两脚的长短应稍有不同,而且两脚合拢时脚尖能靠紧,才可划出尺寸较小的圆弧。划规的脚尖应保持尖锐,以保证划出的线条清晰。用划规划圆时,作为旋转中心的一脚应加以较大压力,另一脚则以较小压力在工件表面上划出圆或圆弧,这样不致使中心滑动。

6. 样冲

样冲用于在工件所划加工线条上冲眼,所冲的眼可作为加强界线的标志以及划圆弧或钻孔的中心。它一般用工具钢制成,尖端处淬硬,用于加强界线标记时其顶尖角度大约为 40°,用于划圆弧或钻孔定中心时其顶尖角度约取 60°。

冲眼方法:先将样冲外倾使尖端对准线的正中,然后再将样冲立直冲眼,如图 1-16 所示。

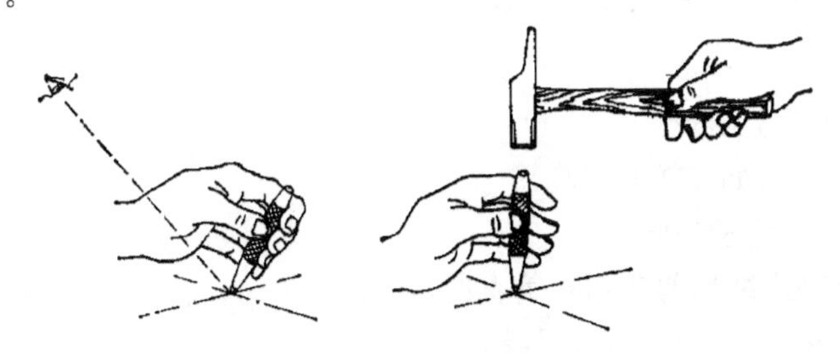

图 1-16 样冲的使用

冲眼要求:位置要准确,冲眼不可偏离线条,如图 1-17 所示。在曲线上冲眼时距离要小些,如直径小于 20 mm 的圆周线上应有四个样冲眼,而直径大于 20 mm的圆周线上应有八个以上样冲眼。在直线上冲眼时距离可大些,但短直线至少应有三个样冲眼。在线条的交叉转折处必须冲眼。样冲眼的深浅要适当,在薄壁或光滑表面上的样冲眼要浅些,在粗糙表面上的样冲眼则要深些。

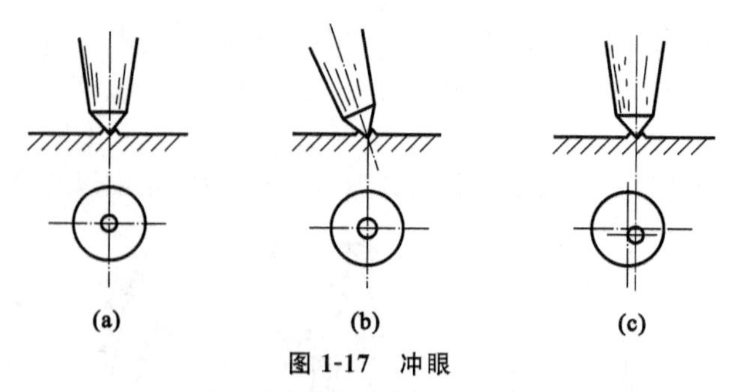

图 1-17　冲眼

(a) 正确;(b) 不垂直;(c) 偏心

7. 90°角尺

90°角尺(见图 1-18(a))是在划线时,用来划平行线的导向工具(见图 1-18(b)),还可用做划垂直线的导向工具(见图 1-18(c)),也可用于找正工件平面在划线平台上的垂直位置。

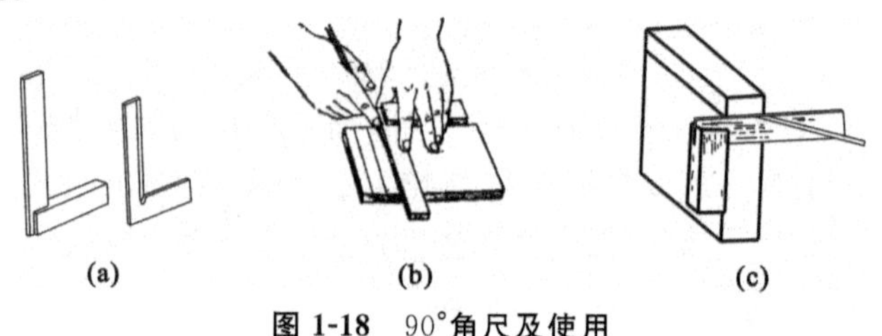

图 1-18　90°角尺及使用

(a) 90°角尺;(b) 划平行线的导向工具;(c) 作垂直线的导向工具

(二) 划线的涂料

为使划出的线条清晰,一般要在工件的划线部位涂上一层薄而均匀的涂料。常用的涂料有:石灰水(通常加入适量牛皮胶来增加附着力),一般用于表面粗糙的铸、锻件毛坯上的划线;酒精色溶液(在酒精中加漆片及紫色和蓝色颜料配成)和硫酸铜溶液用于已加工表面上的划线。

三、任务分析

(一) 零件加工要求

零件加工要求如图 1-19 所示。

(二) 工作内容及步骤

(1) 沿板料边缘划两条相互垂直的基准线。

(2) 划尺寸为 42 mm 的水平线。

(3) 划尺寸为 75 mm 的水平线。

(4) 划尺寸为 34 mm 的垂直线,得到 O_1 点。

(5) 以 O_1 为圆心、$R78$ mm 为半径作弧,并截取 42 mm 水平线得 O_2 点,通过 O_2 点作垂直线。

(6) 分别以 O_1、O_2 点为圆心,$R78$ mm 为半径作弧相交得 O_3 点,通过 O_3 点作水平线和垂直线。

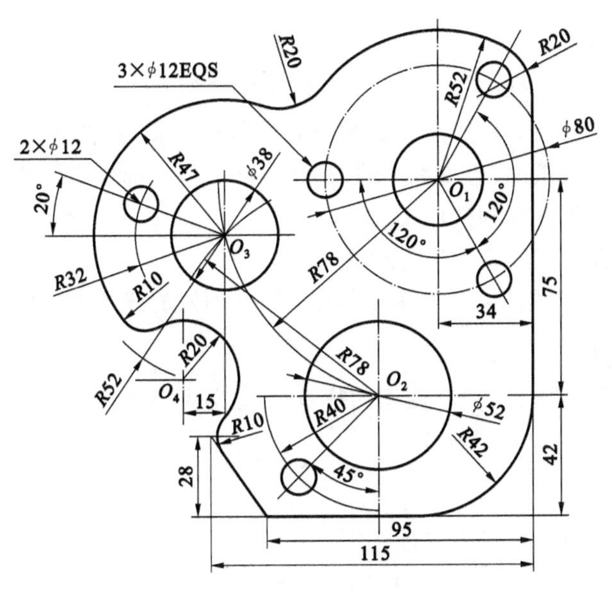

图 1-19　平面划线

(7) 通过 O_2 点作 45°线，并以 O_2 点为圆心、R40 mm 为半径作圆弧，截取 45°线获得 ϕ12 mm 圆的圆心。

(8) 通过 O_3 点作与水平线成 20°的直线，并以 R32 mm 为半径作圆弧，截取 20°线得另一 ϕ12 mm 圆的圆心。

(9) 划垂直线，使其与过 O_3 点的垂直线水平距离为 15 mm，并以 O_3 点为圆心、R52 mm 为半径作圆弧，截取该垂直线获得 O_4 点。

(10) 划尺寸为 28 mm 的水平线。

(11) 按尺寸 95 mm 和 115 mm 划出左下方斜线。

(12) 划 R32 mm、ϕ80 mm、ϕ52 mm、ϕ38 mm 圆周线。

(13) 把 ϕ80 mm 圆周按图 1-19 所示做三等分，得 3 个 ϕ12 mm 圆的圆心。

(14) 划出 5 个 ϕ12 mm 圆周线。

(15) 以 O_1 为圆心、R52 mm 为半径划圆弧，并以 R20 mm 为半径作与 R52 圆弧相切的圆弧。

(16) 以 O_3 为圆心、R47 mm 为半径划圆弧，并以 R20 mm 为半径作与 R52 圆弧相切的圆弧。

(17) 以 O_4 为圆心、R20 mm 为半径划圆弧，并以 R10 mm 为半径作连接圆弧。

(18) 以 R42 mm 为半径作右下方的相切圆弧。

四、任务准备

准备好毛坯(尺寸为 200 mm×200 mm×2 mm 的板料)、划线平台、钢直尺、划针、划规、样冲、锤子等。

五、任务实施

(1) 看懂图样，详细了解工件上需要划线的部位。

(2) 明确工件及其划线的有关部分的作用和要求，了解相关加工工艺。

(3) 选定划线基准，检查毛坯的误差情况，在划线部位涂上涂料。

(4) 正确安放工件和选用工具。

(5) 按照前述工作步骤进行划线。

(6) 复检、校对图形、尺寸，确认无误后，在划好的线条上打出样冲眼。

六、质量检查

从划线步骤和方法、量具使用的规范性，以及划线尺寸是否符合要求等方面进行质量检查。

七、任务评价

根据表 1-2 对学习过程进行评价。

表 1-2　任务评价表

学习小结：

内容	评价要求	分值	学生自评	教师评分
学习态度	遵守学习纪律，不迟到，不早退，学习认真	10		
安全文明生产	正确执行安全文明操作规程，场地整洁，工件和工具摆放整齐	10		
涂色	薄而均匀	5		
图形	轮廓位置正确，线型完整	5		
线性尺寸公差	±0.3 mm，每处超差扣 5 分	25		
角度	120°，<±0.5°(3 处)； 20°，<±0.5°； 45°，<±0.5°	10		
线条	操作规范、准确，清晰无重复	15		
样冲眼	操作规范、准确，分布合理	10		
圆弧与直线、圆弧与圆弧连接	连接圆滑	10		
合计		100		

教师寄语：

任务三 立体划线

一、任务目标

(1) 将V形铁、千斤顶和直角铁等在划线平台上正确安放,找正工件。

(2) 合理确定中等复杂程度工件的找正基准和尺寸基准,并进行立体划线。

(3) 在划线过程中,对有缺陷的毛坯进行合理的借料。

(4) 确保划线操作方法正确、划线线条清晰、尺寸准确及样冲眼分布合理。

二、背景知识

同时在工件的几个不同表面上划出加工界线,称为立体划线。

(一) 划线工具及使用

除了一般平面划线工具以外,还有下列几种工具。

1. 划针盘

用于在划线平台上对工件进行划线或找正工件在平台上的正确安放位置,如图1-20所示。

2. 方箱

用于夹持工件并能翻转位置而划出垂直线,一般附有夹持装置和制有V形槽,如图1-21所示。

3. V形铁

通常两个V形铁一起使用,用来安放圆柱形工件、划出中线、找出中心等,如图1-22所示。

4. 直角铁

可将工件夹在直角铁的垂直面上进行划线。装夹时可用C形夹头或压板,如图1-23所示。

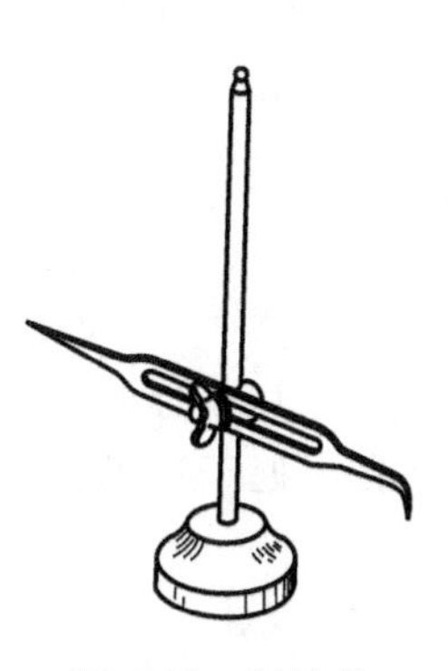

图1-20 划针盘

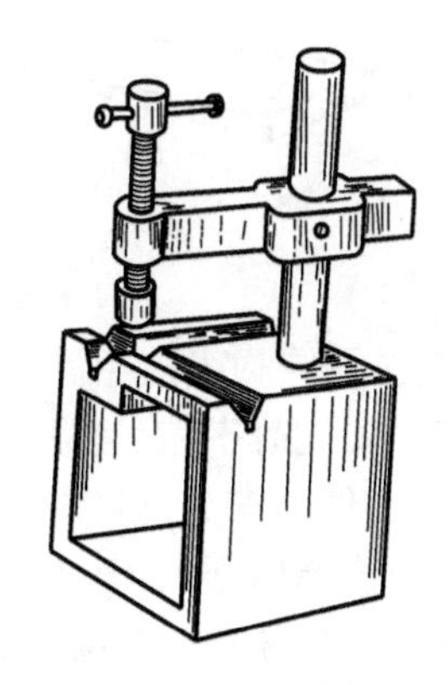

图1-21 方箱

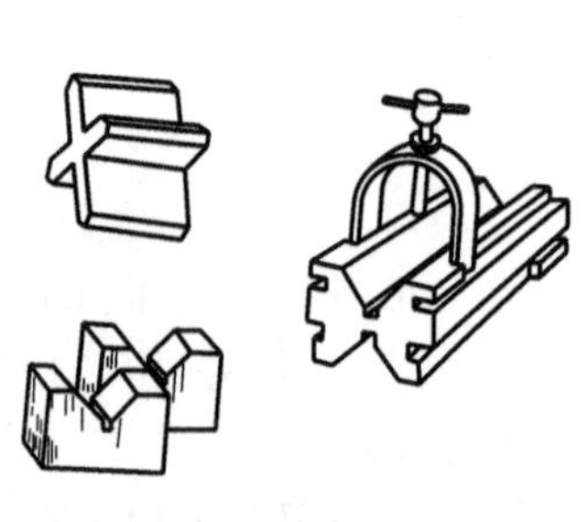

图 1-22　V 形铁

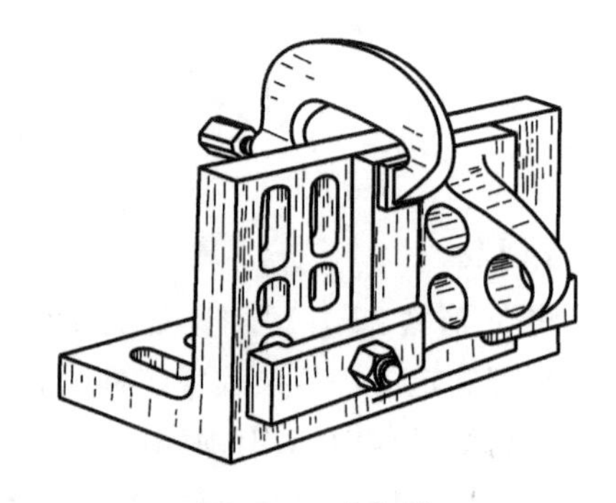

图 1-23　直角铁

5. 可调支承工具

如图 1-24 所示的千斤顶通常三个一组，用于支承不规则的工件，其支承高度可做一定的调整。图 1-25 所示为带 V 形铁的千斤顶，用于支持工件的圆柱面。图 1-26(a)、(b)所示的分别为斜楔垫铁块和 V 形垫铁，用于支承毛坯工件，但只能进行小范围内的高低调节。

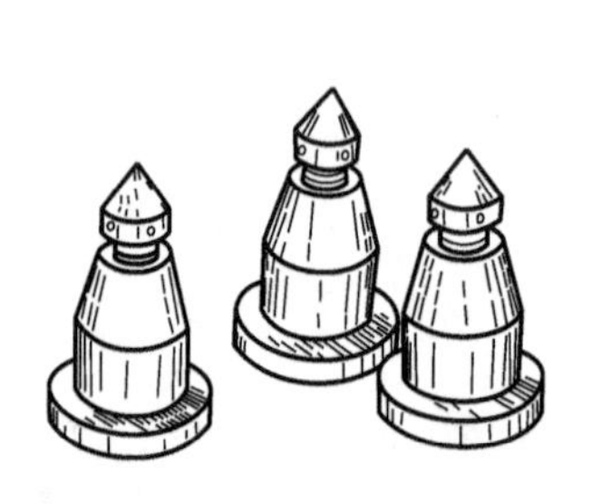

图 1-24　千斤顶

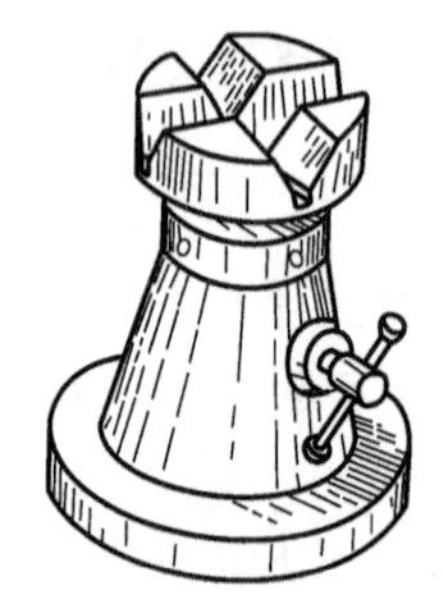

图 1-25　带 V 形铁的千斤顶

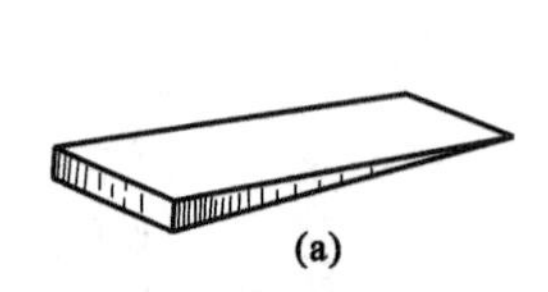

(a)

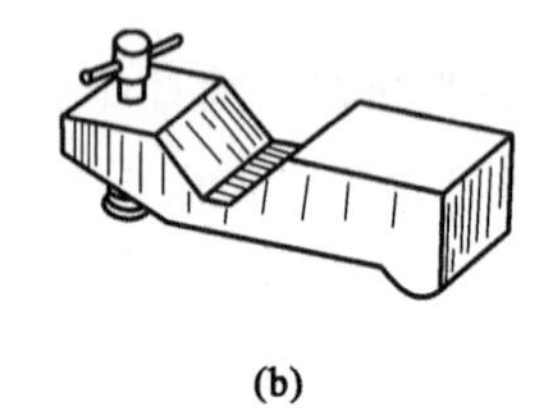

(b)

图 1-26　斜楔垫铁块与 V 形垫铁

(a) 斜楔垫铁块；(b) V 形垫铁

(二) 划线时工件的放置与确定找正基准的方法

要保证工件安放时平稳、可靠，并能方便地找出工件的主要线与平台平行，必须选择、确定工件的安放基准。为使工件在平台上处于正确位置，必须确定找正基准。一般的选择原则如下。

(1) 选择工件上与加工部位有关且比较直观的面(如凸台、对称中心等)作为找正基准，使加工面与非加工面之间厚度均匀，并使其形状误差反映在次要部位或不显著部位。

(2) 选择有装配关系的非加工面作为找正基准，以保证工件划线和加工后能顺利装配。

(3) 多数情况下，还必须有一个与划线平台垂直的找正基准，以保证该位置上的加工面与非加工面之间厚度均匀。

(三) 划线时尺寸基准的选择原则

划线前，首先确定各个划线表面的先后划线顺序及各位置的尺寸基准。尺寸基准的选择原则如下。

(1) 应与图样所用基准一致，以便能直接量取划线尺寸，避免因尺寸间的换算而增加划线误差。

(2) 以精度高且加工余量少的型面作为尺寸基准，以保证主要型面的顺利加工和便于安排其他型面的加工位置。

(3) 当毛坯在尺寸、形状和位置上存在误差与缺陷时，可将所选的尺寸基准位置进行必要的调整，即通过划线借料，使各加工面都有必要的加工余量，并使其误差和缺陷能在加工后被排除。

(四) 划线注意事项

(1) 工件应在支承处打好样冲眼，使工件稳固地放在支承上，防止倾倒。较大工件应附加支承，使其安放稳定可靠。

(2) 在对较大工件划线必须使用桥式起重机吊运时，绳索应安全可靠，吊运方法应正确。大件放在平台上，用千斤顶顶起时，工件下应垫上木块，以保证安全。

(3) 调整千斤顶高度时，不可用手直接调节，以防工件掉下砸伤手。

三、任务分析

(一) 零件加工要求

在轴承座毛坯上按图 1-27 所示尺寸划线。

(二) 工作内容及步骤

(1) 根据图样分析工件形体结构、加工要求以及与划线有关的尺寸关系，明确划线基准。

(2) 清理工件，去除铸件上的浇冒口及表面黏砂等。

(3) 工件涂色，安放工件。

(4) 第一位置划线。用三只千斤顶支承轴承座底面，调整千斤顶高度，用划针盘找正，初步使轴承座两端孔的中心调整到同一高度。同时用划针盘弯脚找正 A 面，使 A 面尽量达到水平位置。当两端中心保持同一高度的要求与 A 面保持水平位置的

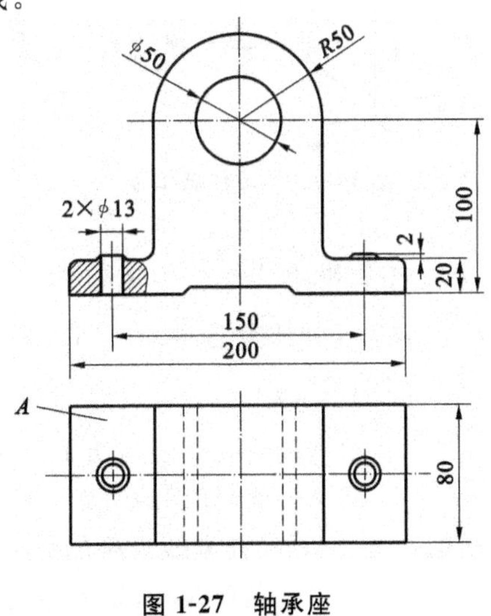

图 1-27　轴承座

要求发生矛盾时，就要重新调整借料，将毛坯件的误差均匀地分配给轴承座内孔的壁厚和底座边缘厚度，直至满足所有要求为止。确定工件第一次正确安放位置后，先划基准线Ⅰ-Ⅰ和底面加工线，工件的四周都要划到，以便在其他方向划线和在机床上加工时找正位置。两个螺钉孔的上平面加工线可先不划，留有一定的加工余量，其尺寸可在加工时控制，如图1-28所示。

(5) 第二位置划线。将工件翻转到图1-29所示位置，用千斤顶支承。调整千斤顶和划针盘，使轴承座内孔两端中心处于同一高度，同时用90°角尺按已划出的底面加工线找正到垂直位置，确定工件第二次正确安放位置。之后可划出基准线Ⅱ-Ⅱ和两个螺钉孔的中心线。

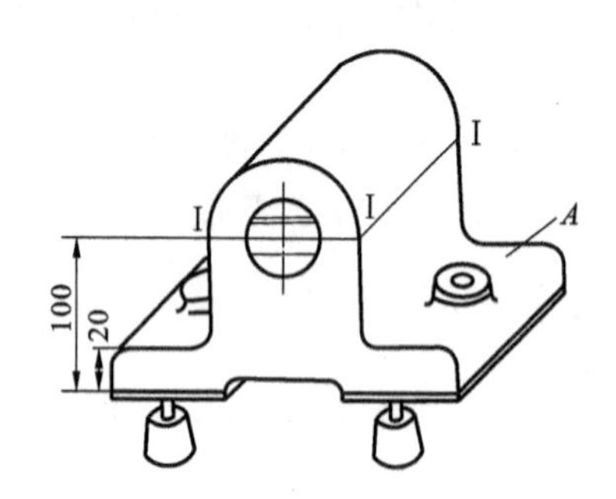

图1-28　第一位置划线

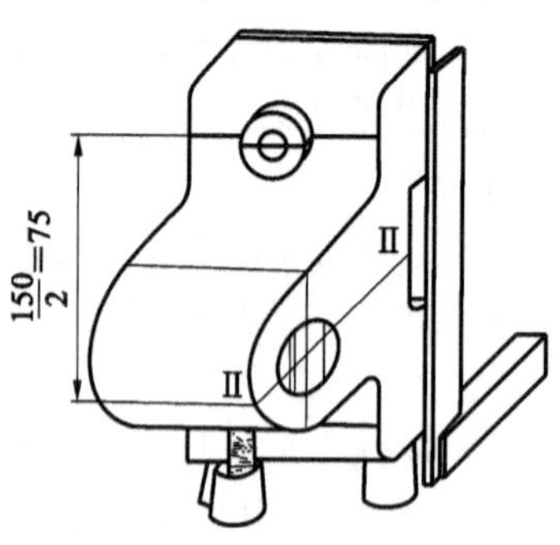

图1-29　第二位置划线

(6) 第三位置划线。将工件再翻转到图1-30所示位置，用千斤顶预支承。调整千斤顶和90°角尺，分别使底面加工线和Ⅱ-Ⅱ中心线处于相互垂直位置，则确定了工件第三次正确安放位置。最后划出基准线Ⅲ-Ⅲ和两个大端面的加工线。

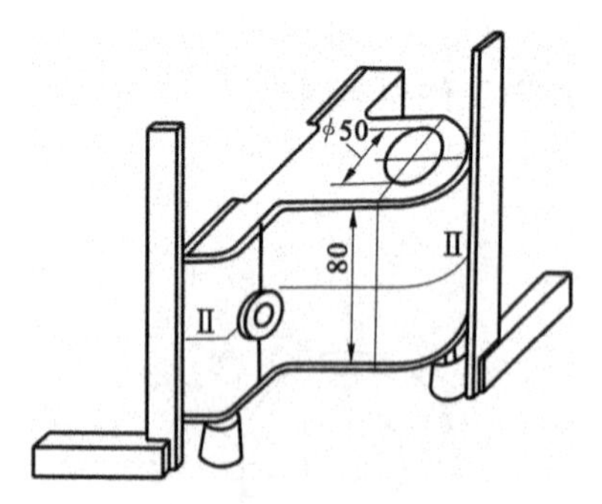

图1-30　第三位置划线

(7) 用划规划出轴承座内孔和两个螺钉孔的周围尺寸线。

(8) 经图样校对检查无误后，在已划好的全部线条上冲眼。

四、任务准备

准备好轴承座毛坯、划线平台、划针盘、90°角尺、千斤顶、划针、样冲、锤子等。

五、任务实施

(1) 根据前述工作步骤实施任务。

(2) 必须全面、仔细地考虑工件在平台上的摆放位置、找正方法及尺寸基准线的位置，这是保证划线准确的重要环节。

(3) 用划针盘划线时，划针伸出量应尽可能短，并要牢固夹紧。

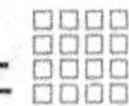

(4) 划线时，划针盘底座要紧贴平台平面移动，划线压力要一致，划出的线条要准确。

(5) 线条尽可能细且清晰，避免重划线。

(6) 工件安放在支承上要稳固，防止倾倒。

(7) 划较长线时，应用划针盘先划多个短线再进行连接，并应对划线的终点与始点用划针盘校对，以防划针尺寸产生位移，影响划线精度。

六、质量检查

从划线步骤和方法、量具使用的规范性，以及划线尺寸精度等方面进行质量检查。

七、任务评价

根据表1-3对任务进行评价。

表1-3　任务评价表

学习小结：

内容	评价要求	分值	学生自评	教师评分
学习态度	遵守学习纪律，不迟到，不早退，学习认真	10		
安全文明生产	正确执行安全文明操作规程，场地整洁，工件和工具摆放整齐	10		
三个位置垂直度	找正误差小于±0.4 mm	21		
三个位置尺寸基准	位置误差小于±0.4 mm	21		
划线尺寸	误差小于±0.3 mm	13		
线条	清晰	15		
样冲眼	位置正确	10		
合计		100		

教师寄语：

任务四　錾削加工

一、任务目标

(1) 掌握錾子和锤子的握法及锤击动作。

(2) 掌握錾削的姿势、动作，姿势初步达到正确、协调自然。

(3) 掌握錾削时的安全知识和文明生产要求。

二、背景知识

(一) 錾削工具

錾削工具包括錾子和锤子，如图 1-31、图 1-32 所示。

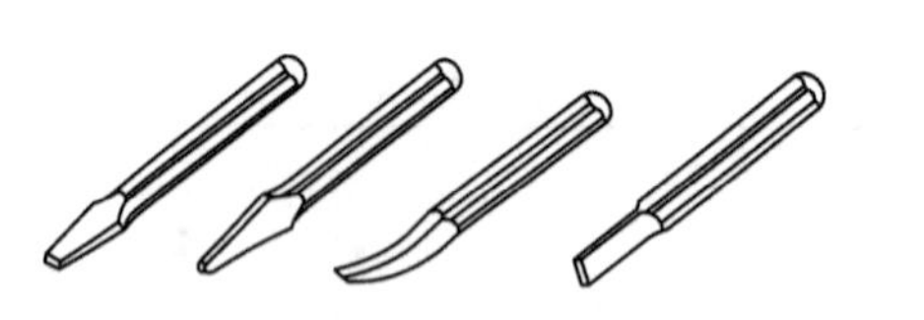

图 1-31　錾子

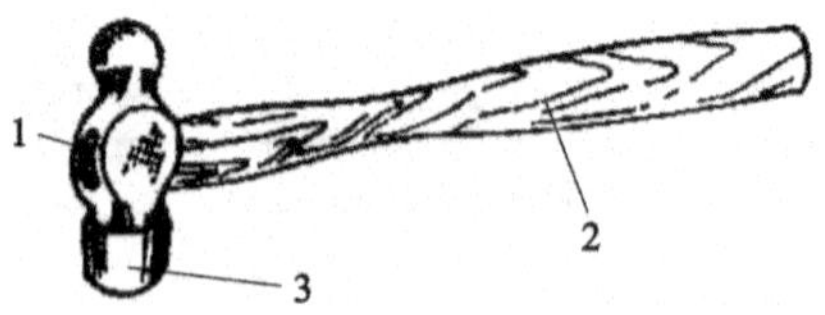

图 1-32　锤子

1—斜楔铁；2—木柄；3—锤头

(二) 錾削姿势

1. 锤子的握法

(1) 紧握法：用右手五指紧握锤柄，拇指合在食指上，虎口对准锤头方向(木柄椭圆的长轴方向)，木柄尾端露出 15～30 mm。在挥锤和锤击过程中，五指始终紧握，如图 1-33 所示。

(2) 松握法：拇指和食指始终握紧锤柄。挥锤时，小指、无名指、中指则依次放松；锤击时，以相反顺序收拢握紧，如图 1-34 所示。这种握法的优点是，手不易疲劳，锤击力大。

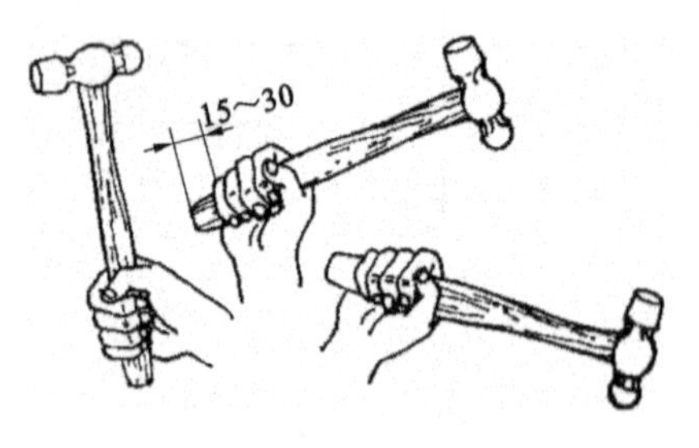

图 1-33　紧握法

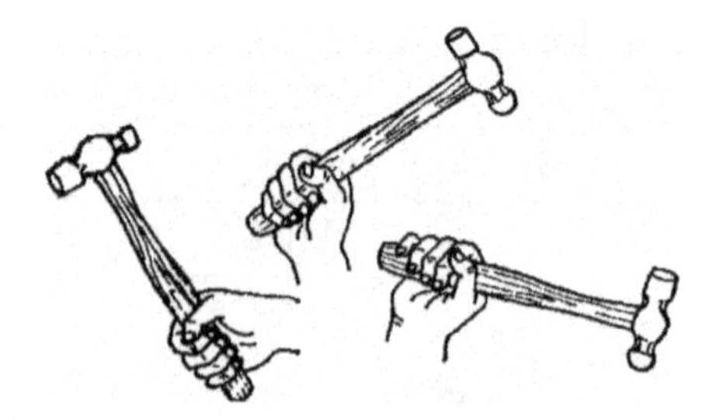

图 1-34　松握法

2. 錾子的握法

(1) 正握法：手心向下，腕部伸直，用中指、无名指握住錾子，小指自然合拢，食指和拇指自然伸直、靠拢，錾子头部伸出约 20 mm，如图 1-35(a)所示。

(2) 反握法：手心向上，手指自然捏住錾子，手掌悬空，如图 1-35(b)所示。

3. 站立姿势

操作时，身体与台虎钳中心线大致成45°角，且略向前倾；左脚前跨半步，膝盖稍有弯曲，保持自然；右脚要站稳伸直，不要过于用力。錾削时的站立位置如图1-36所示。

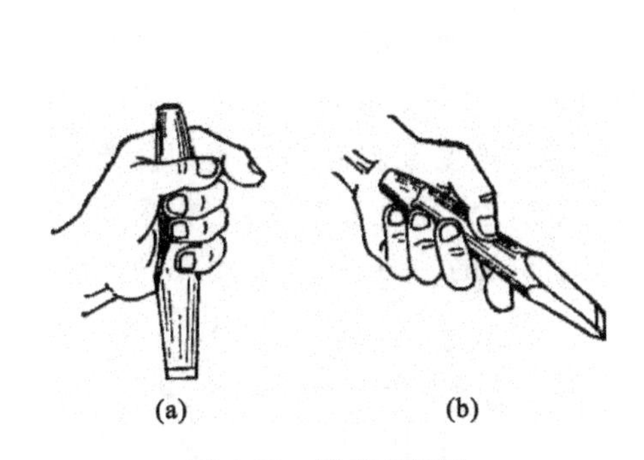

图1-35　錾子的握法

(a) 正握法；(b) 反握法

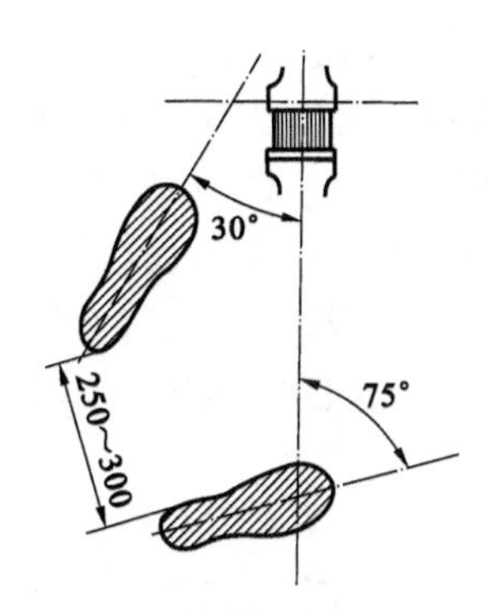

图1-36　錾削时的站立位置

4. 挥锤方法

挥锤有腕挥、肘挥和臂挥三种方法，如图1-37所示。腕挥仅用手腕的动作进行锤击运动，采用紧握法握锤，一般用于錾削余量较少时或錾削开始时（或结束时）。肘挥用手腕与肘部一起挥动进行锤击运动，采用松握法握锤。肘挥因挥动幅度较大，故锤击力也较大，应用最广。臂挥用手腕、肘和全臂一起挥动，其锤击力最大，用于需要大力錾削的工作。

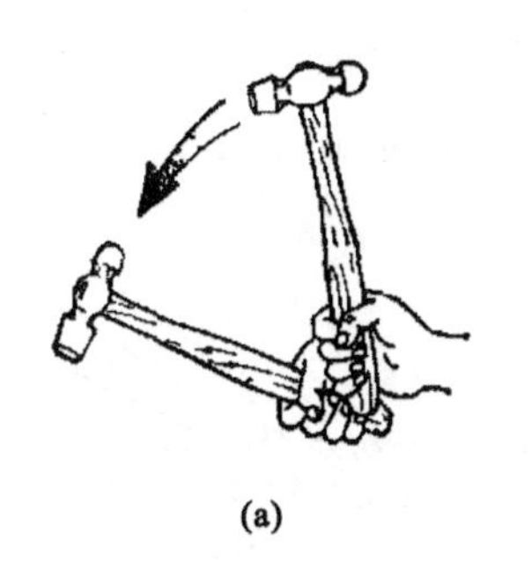

图1-37　挥锤方法

(a) 腕挥；(b) 肘挥；(c) 臂挥

5. 锤击速度

錾削时锤击要稳、准、狠，其动作要有节奏地进行，一般在肘挥锤击时速度约40次/min，腕挥锤击时速度约50次/min。

6. 锤击要领

(1) 挥锤要领：肘收臂提，举锤过肩；手腕后弓，三指微松；锤面朝天，稍停瞬间。

(2) 锤击要领：目视錾刃，臂肘齐下；收紧三指，手腕加劲；锤錾一线，锤走弧形；左脚着力，右腿伸直。

(3) 锤击要求：稳——节奏均匀，速度为 40 次/min；准——命中率高；狠——锤击力大。

(三) 起錾方法

錾削时起錾方法有斜角起錾和正面起錾两种，如图 1-38 所示。錾削平面时，应采用斜角起錾的方法，即先在工件的边缘尖角处将錾子放成负角，如图 1-38(a)所示，錾出一个斜面，然后按正常的錾削角度逐步向中间錾削。此起錾方法可避免錾子弹跳和打滑，且便于掌握加工余量。若是錾削槽，则要采用正面起錾的方法，即起錾时全部刃口贴住工件錾削部位的端面，如图 1-38(b)所示。

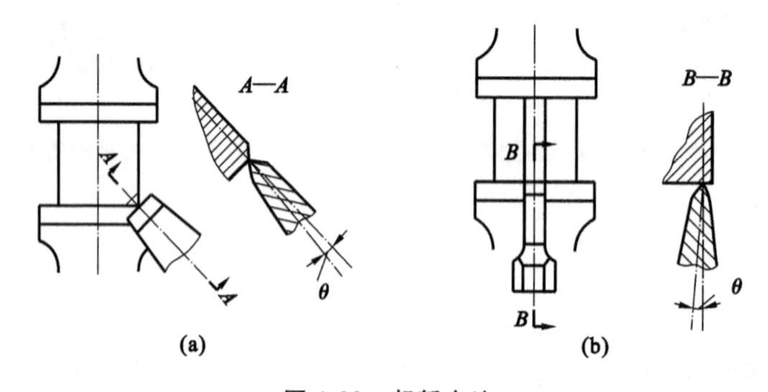

图 1-38 起錾方法

(a) 斜角起錾；(b) 正面起錾

(四) 錾削动作

錾削的切削角度，一般应为后角 $\alpha_0=5°\sim8°$，如图 1-39(a)所示。后角过大，錾子易向工件深处扎入，如图 1-39(b)所示；后角过小，錾子易在錾削部位滑出，如图 1-39(c)所示。

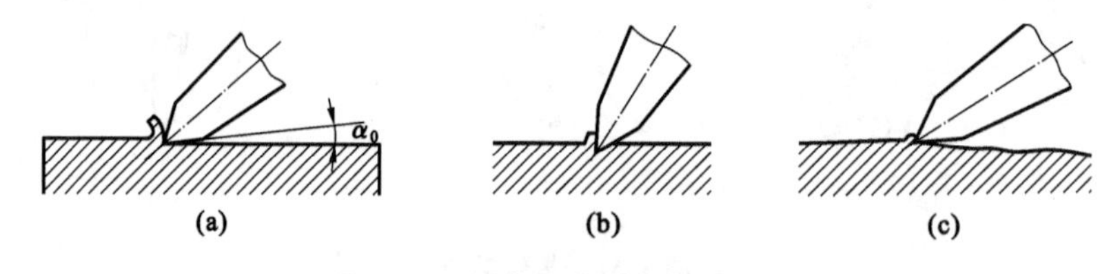

图 1-39 后角及其对錾削的影响

(a) 后角 α_0；(b) 后角过大；(c)后角过小

錾削过程中，一般每錾削两三次后，可将錾子退回一些，进行短暂停顿，再将刃口顶住錾处继续錾削。这样既可随时观察錾削表面的平整情况，又可使手臂肌肉得到有节奏的放松。

(五) 末端部位的錾法

一般情况下，当錾削接近末端 10～15 mm 时，应调头錾去余下部分，如

图 1-40(a)所示。錾削脆性材料(如铸铁和青铜)时更应如此,否则端部会崩裂,如图 1-40(b)所示。

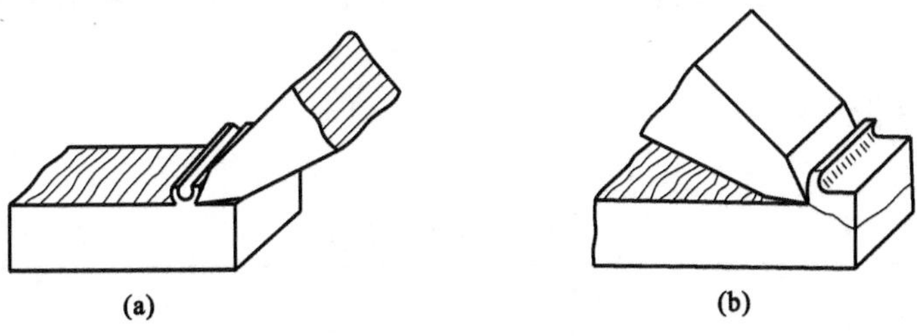

图 1-40　末端部位的錾法

(a) 正确;(b) 不正确

三、任务分析

(一) 零件加工要求

錾削零件至如图 1-41 所示精度。

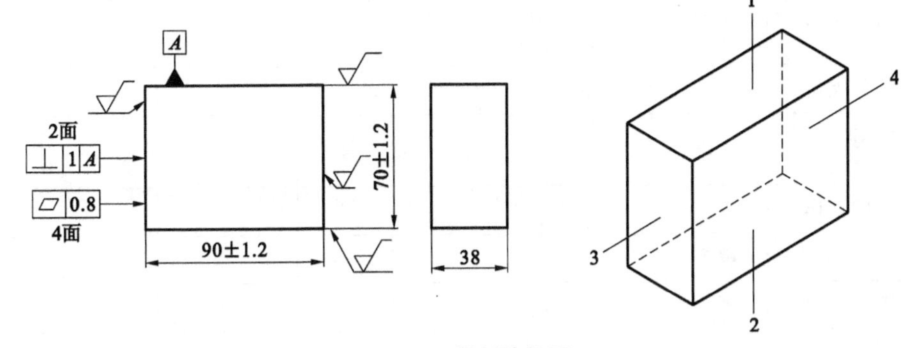

图 1-41　錾削狭长面

(二) 工作内容及步骤

(1) 按图 1-41 所示尺寸划出 90 mm×70 mm 尺寸的平面加工线。

(2) 按图 1-41 所示各面编号依次錾削,达到精度要求,且錾痕整齐。

四、任务准备

长方体工件(HT150,95 mm×75 mm×38 mm)、阔錾、锤子等。

五、任务实施

(1) 工件必须夹紧,以工件伸出钳口 10～15 mm 为宜,同时下面要加木衬垫。

(2) 錾削时为防止切屑飞出伤人,前面应有防护网。必要时操作者可戴防护眼镜。

(3) 錾屑要用刷子刷掉,不得用手擦或用嘴吹。

(4) 錾削时要防止錾子在錾削部位滑出。为此,錾子用钝后要及时刃磨锋利,并保持正确的楔角。

(5) 錾子和锤子头部有明显毛刺时,要及时磨去。

六、任务检查

从工件夹持、站立位置和身体姿势、錾削动作、尺寸精度、錾削痕是否整齐等方面进行检查。

七、任务评价

根据表 1-4 进行任务评价。

表 1-4 任务评价表

学习小结：

考核内容	考核要求	分值	学生自评	教师评分
学习态度	遵守学习纪律，不迟到，不早退，学习认真	10		
安全文明生产	正确执行安全文明操作规程，场地整洁，工件和工具摆放整齐	10		
工件夹持	稳固，高度合理	4		
站立位置和身体姿势	正确、自然	4		
錾削动作	规范、协调	6		
錾削痕	整齐	10		
錾削的平面度	平面度 0.8 mm(2 处)	20		
錾削的垂直度	垂直度 1 mm(4 处)	16		
尺寸要求	(70±1.2)mm，(90±1.2)mm	20		
合计		100		

教师寄语：

任务五　锯削加工

一、任务目标

（1）根据不同材料正确选用锯条，并正确安装。

（2）对各种形状材料进行正确锯削，保持正确操作姿势，并达到一定的锯削精度。

（3）了解锯削时的常见问题及产生原因。

（4）安全文明操作。

二、背景知识

用手锯把工件材料切割开或在工件上锯出沟槽的操作称为锯削。

（一）锯削工具

锯削工具为手锯，如图 1-42 所示。

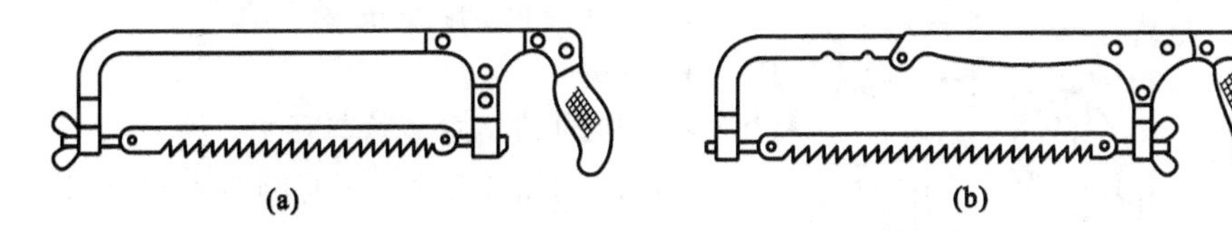

图 1-42　手锯

（a）固定式；（b）可调式

（二）锯条的正确选用

应根据所锯材料的软硬、厚薄来选用锯条。锯削的工件较厚且材料较软时应选用粗齿锯条，锯削的工件较薄且材料较硬时应选用细齿锯条，选用方法如表 1-5 所示。

表 1-5　锯条选择方法

锯齿粗细	每 25 mm 长度内锯齿/个	适用范围
粗	14～18	锯割软钢、黄铜、铝、紫铜、高分子材料工件
中	22～24	锯割中等硬度钢，厚壁的钢管、铜管、铸铁管
细	32	锯割薄片金属、薄壁管子

（三）锯削基本操作

1. 锯条的安装

根据工件材料及厚度选择合适的锯条，安装在锯弓上。锯齿应向前，如图 1-43(a)所示。松紧应适当，一般用两个手指的力旋紧即可。锯条安装好后，不能歪斜或扭曲，否则锯削时易折断，并保证锯条平面与锯弓中心平面平行，不得倾斜和扭曲，否则锯削时锯缝极易歪斜。

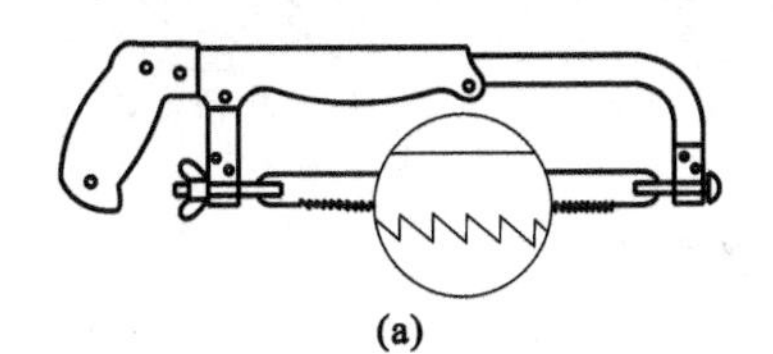

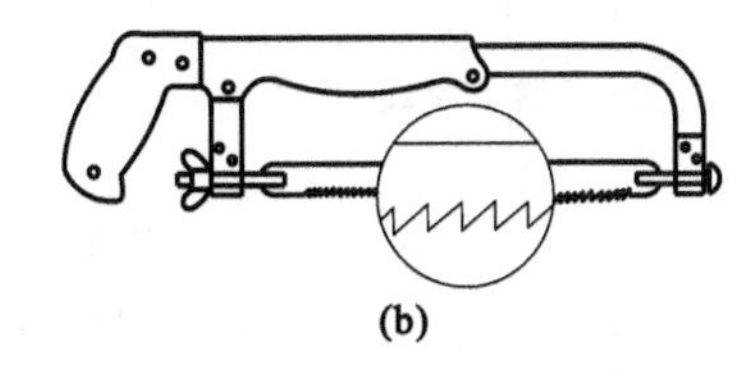

图 1-43　锯条的安装

（a）正确；（b）不正确

2. 工件的夹持

工件一般应夹持在台虎钳的左面，以便操作。工件伸出钳口不应过长，锯缝应距离钳口侧面约 20 mm，以防止锯削时产生振动。锯缝线要与钳口侧面保持平行（使锯缝线与铅垂线方向一致），便于控制锯缝不偏离划线线条。夹紧要牢靠，同时避免将工件夹变形和夹坏已加工面。

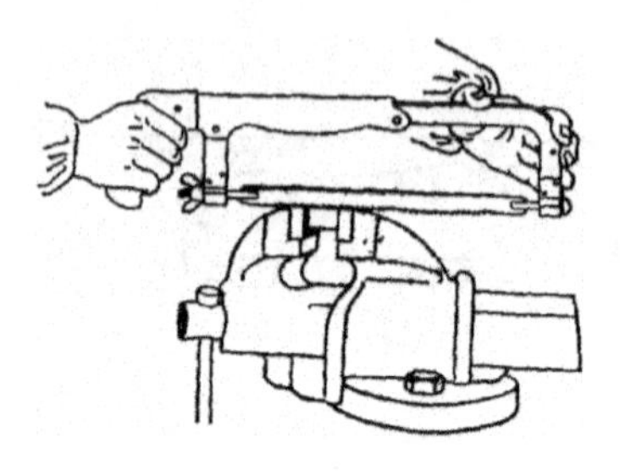
图 1-44 手锯握法

3. 手锯的握法

右手满握锯柄，左手轻扶在锯弓前端，如图 1-44 所示。

4. 锯削时的站立姿势与压力

锯削时的站立姿势：除两脚距离稍近外，基本与錾削站立姿势相同。推锯时身体上部稍向前倾，给手锯适当压力完成锯削。锯削运动时，推力和压力由右手控制，左手主要配合右手扶正锯弓，压力不要过大。手锯推出时为切削行程，应施加压力，返回行程不切削不加压力，自然拉回。工件将断时要减小压力。

5. 起锯的方式

起锯的方式有两种。一种是从工件远离自己的一端起锯，称为远起锯，如图 1-45(a)所示；另一种是从工件靠近操作者身体的一端起锯，称为近起锯，如图 1-45(b)所示。无论用哪一种起锯方法，起锯角度都不要超过 15°，如图 1-45(c)所示。为使起锯位置准确、平稳，起锯时可用左手拇指挡住锯条的方法定位。

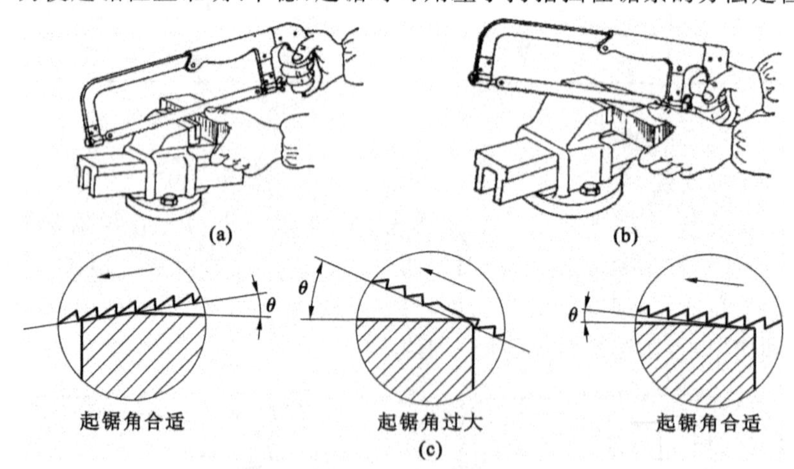

图 1-45 起锯的方式

(a) 远起锯；(b) 近起锯；(c) 起锯角

一般情况下采用远起锯较好，因为远起锯锯齿是逐步切入材料的，锯齿不易被卡住，起锯也较方便。如果用近起锯而掌握不好，锯齿易被工件的棱边卡住；也可采用向后拉手锯进行倒向起锯，使起锯时接触的齿数增加，再推进起锯即不会被棱边卡住。起锯锯到槽深 2～3 mm，锯条已不会滑出槽外，左手拇指可离开锯条，扶正锯弓逐渐使锯痕向后(向前)成为水平，再继续正常锯削。

6. 锯削的速度

锯削时锯弓的运动方式有两种。一种是直线往复运动，适用于锯削薄形工件和直槽。另一种是摆动式，即手锯推进时，身体略向前倾，双手压向手锯，同时左手上翘、右手下压；回程时右手上抬、左手自然跟回。这种操作方式，两手动作自然，不易疲劳，锯削效率较高。锯削的速度以每分钟往复 20～40 次为宜。锯削硬材料时速度慢些，锯削软材料时速度快些。同时，锯削行程应保持均匀，返回行程的速度相对快些。锯削时锯条的全部长度最好都参与进行锯割，一般锯弓的往复长度不应小于锯条长度的三分之二。

(四) 各种材料的锯削方法

1. 棒料的锯削

如果锯削断面要求平整，则应从开始连续锯削到结束。若锯削出的断面要求不高，则可分几个方向锯削。多方向锯削的锯削面小，易锯入，可提高工作效率。

2. 管件的锯削

锯削管件前，可划出垂直于轴线的锯削线。由于锯削对划线的精度要求不高，可采用比较简单的方法：可用矩形纸条按锯削尺寸绕住工件外圆，如图 1-46所示，然后用滑石划出锯削线。锯削时必须把管件夹正。

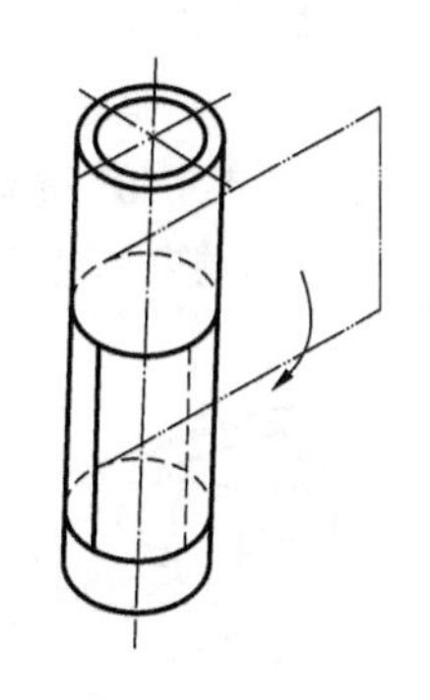

图 1-46　管件锯削线的划法

薄壁管和精加工过的管件，应夹在有 V 形槽的两木衬垫之间，以防将管件夹扁或损伤表面，如图 1-47(a) 所示。

锯削薄壁管件时，不可从一个方向开始连续锯削直到结束，否则锯齿易被管壁钩住而崩裂。正确的方法应是，先从一个方向锯削到管件内壁处，然后把管件向推锯的方向转过一定角度，并连接原锯缝再锯削到管件的内壁处。如此逐渐改变方向不断转着锯削，直到锯断为止，如图 1-47(b)所示。

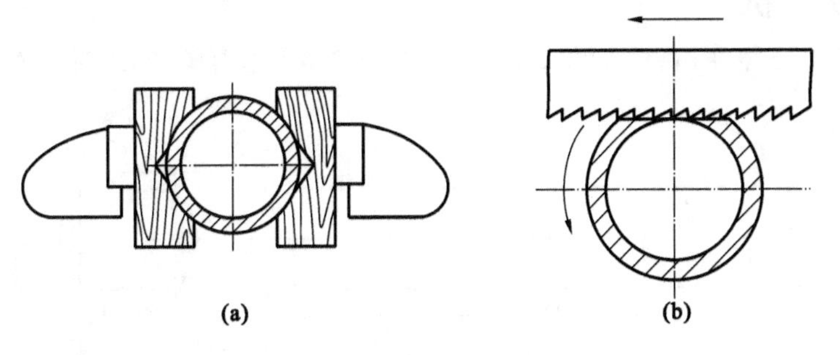

图 1-47　管件的夹持和锯削

(a) 管件的夹持；(b) 转位锯削

3. 薄板料的锯削

锯削时尽可能从宽面下锯。当只能在板料的窄面上下锯时，可用两块木板夹持，连木块一起锯削，以避免钩住锯齿，同时可增加板料的刚度，使锯削时不会颤动，如图 1-48(a)所示；也可以把薄板料直接夹在台虎钳上，用手锯进行横向斜推锯，使锯齿与薄板接触的齿数增加，避免锯齿崩裂，如图 1-48(b)所示。

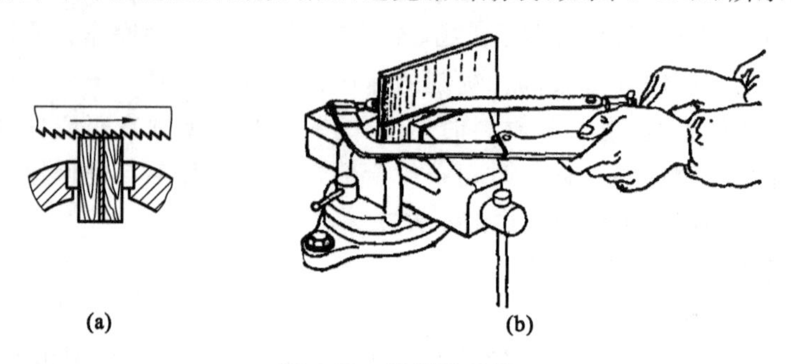

图 1-48　薄板料锯削

(a) 在板料狭面上锯削；(b) 利用台虎钳锯削

4. 深缝的锯削

当锯缝深度超过锯弓高度(见图 1-49(a))时，锯弓将干涉工件而无法锯削。此时锯条应转过 90°重新安装，使锯弓转到工件旁边，如图 1-49(b)所示。当锯弓横向高度仍不够时，锯条可安装成锯齿在锯弓内进行锯削的状态，如图 1-49(c)所示。

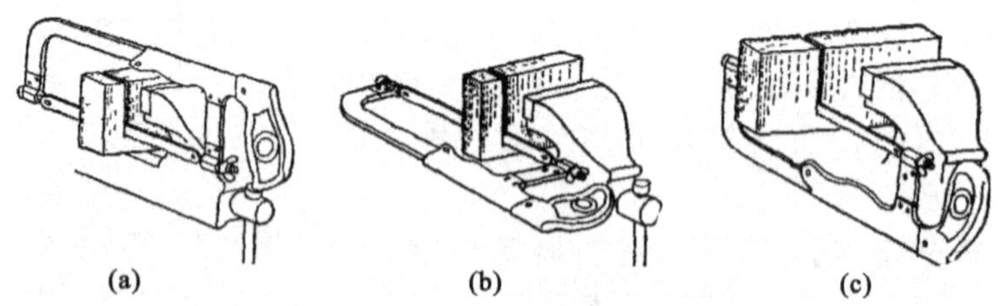

图 1-49　深缝的锯削方法

(a) 锯弓与工件干涉；(b) 锯弓转到工件旁边；(c) 锯齿在锯弓内进行锯削

三、任务分析

锯削长方体件，要求如图 1-50 所示，纵向锯削，锯痕整齐，工时定额 2 h。

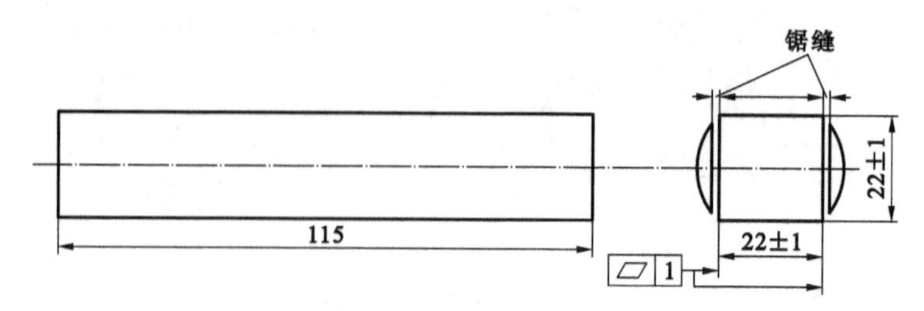

图 1-50　锯削长方体件

四、任务准备

准备好 ϕ30 mm×115 mm 棒料、台虎钳、手锯、锯条、钢直尺等。

五、任务实施

(1) 根据零件材质选择锯条。

(2) 安装、调整锯条。

(3) 掌握握锯、站立、起锯、锯削、收锯等操作规范。

(4) 掌握量具的使用方法。

(5) 掌握零件的装夹、调整方法。

(6) 遵守安全文明生产规程。

六、任务检查

从锯条选择、安装的合理性、锯削操作的规范性、工件精度等方面，边锯削边检查，直至符合要求为止。

七、任务评价

根据表 1-6 进行任务评价。

表 1-6　任务评价表

学习小结：

考核内容	考核要求	分值	学生自评	教师评分
学习态度	遵守学习纪律，不迟到，不早退，学习认真	10		
安全文明生产	正确执行安全文明操作规程，场地整洁，工件和工具摆放整齐	10		
锯条使用	锯条选择合理，安装正确	5		
尺寸要求	(22±1)mm(2 处)	15		
平面度	1 mm(2 处)	15		
锯削过程	锯削姿势正确，工件夹持正确	20		
握锯与起锯	正确	15		
断面与外形	断面纹路整齐，外形无损坏	10		
合计		100		

教师寄语：

任务六　锉削加工

一、任务目标

(1) 了解锉刀的结构、装卸方法和正确使用方法。

(2) 初步掌握平面锉削的姿势、动作和速度。

(3) 掌握锉削的安全知识。

二、背景知识

用锉刀进行切削加工，使工件达到所要求的尺寸、形状和表面质量的加工方法称为锉削。

(一) 锉削工具——锉刀

1. 锉刀结构

锉刀结构如图 1-51 所示。

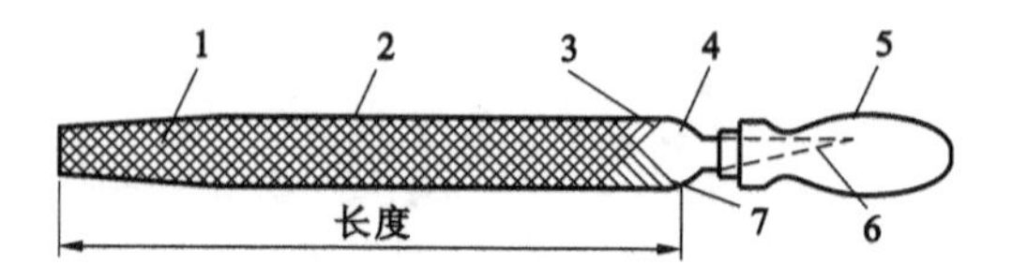

图 1-51　锉刀结构

1—锉刀面；2—锉刀边；3—底齿；4—锉刀尾；5—木柄；6—舌；7—面齿

2. 锉刀柄的装卸

安装时刀舌自然插入刀柄孔中，用手将刀柄轻轻镦紧，或用手锤轻轻击打刀柄，直至插入刀柄长度的 3/4 为止；拆卸刀柄时轻轻敲击台虎钳即可，如图 1-52 所示。

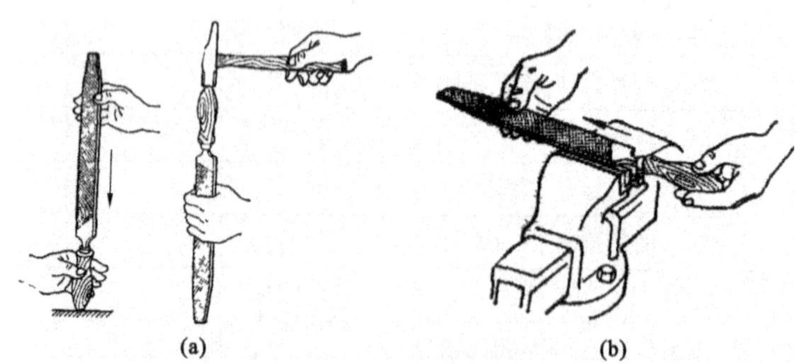

图 1-52　锉刀柄的拆装

(a) 安装锉刀柄的方法；(b) 拆卸锉刀柄的方法

3. 锉刀的使用和保养

(1) 为防止锉刀磨损过快，不要用锉刀面锉削毛坯件硬皮或工件的淬硬表面，而应先用其他工具或锉刀的前端、边齿进行加工。

(2) 锉削时应先用锉刀的一面，用钝后再用另外一面，这是因为使用过的锉齿容易锈蚀。

(3) 锉削时要充分利用锉刀的有效工作面，避免局部磨损。

(4) 不能把锉刀用做装拆、敲击和撬物的工具，防止锉刀因材质较脆而折断。

(5) 使用整形锉和小锉时，用力不能太大，以免折断锉刀。

(6) 锉刀要防水、防油。沾水后的锉刀易生锈，沾油后的锉刀在工作时易打滑。

(7) 锉削过程中，若发现锉纹上嵌有切屑，要及时除去，以免切屑刮伤加工表面。用完锉刀后，要用锉刷或铜片顺着锉纹刷掉残留的切屑，以防生锈。绝对不能用嘴去吹切屑，以防切屑飞入眼内。

(8) 放置锉刀时，应避免锉刀与硬物相碰或锉刀与锉刀重叠堆放，防止损坏锉刀。

(二) 平面锉削的姿势

1. 锉刀的握法

锉刀长度大于 250 mm 的扁锉的右手握法为：右手紧握锉刀柄，柄端抵在拇指根部的手掌上，拇指放在锉刀柄上部，其余手指由下而上握着锉刀柄；左手将拇指的根部肌肉压在锉刀头上，拇指自然伸直，其余四指弯向手心，用中指、无名指捏住锉刀前端，如图 1-53(a)、(b)、(c)所示。

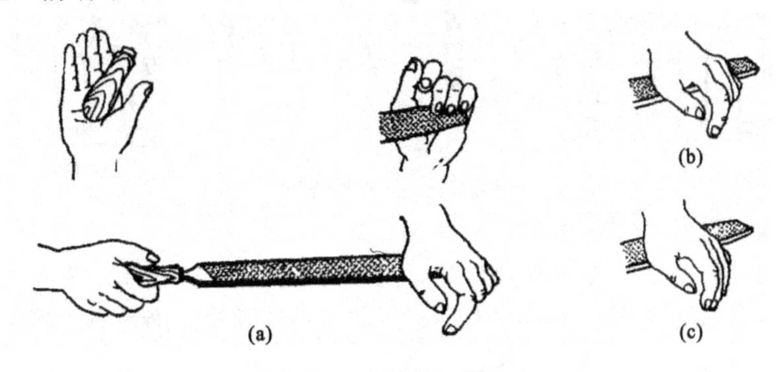

图 1-53　大扁锉的握法

2. 锉削时的姿势

两手握住锉刀放在工件上面，左臂弯曲，左小臂与工件锉削面的左右方向基本平行，右小臂与工件锉削面的前后方向基本平行，但要自然。站立姿势与锯削的基本相同，如图 1-54 所示。

3. 锉削动作

开始锉削时，身体先与锉刀一起向前，右脚伸直并稍向前倾，重心在左脚，左膝部呈弯曲状态。当锉刀锉削至约四分之三行程时，身体停止前进，两臂则继续将锉刀向前锉到头，同时左腿自然伸直，并且随着锉削时的反作用力将身体重心后移，使身体恢复原位，并顺势将锉刀收回。当锉刀收回将近结束时，身体又开始先与锉刀一起前移，进行第二次锉削的向前运动，如图 1-55 所示。

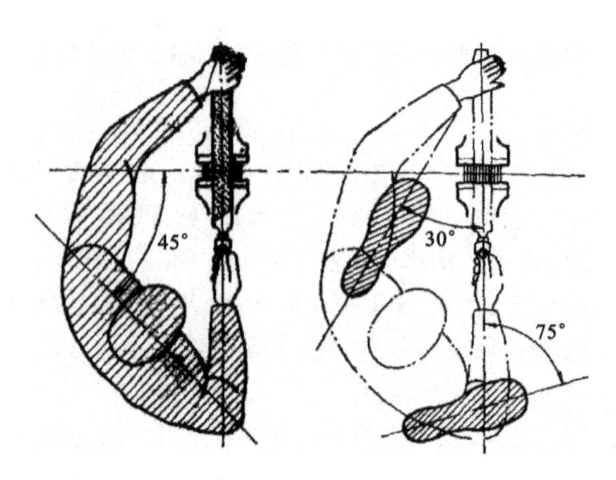

图 1-54　锉削时的站立步位和姿势

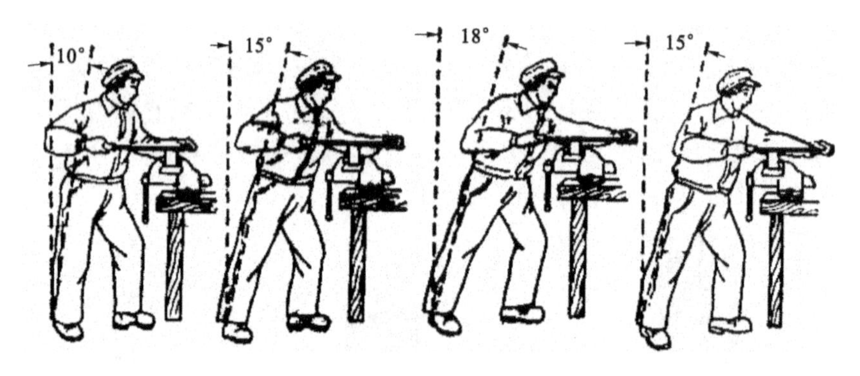

图 1-55　锉削动作

4. 锉削时两手的用力和速度

若想锉削出平直的平面，则锉刀必须保持做直线锉削运动。为此，锉削时右手的压力要随锉刀推动而逐渐增加，左手的压力要随锉刀推动而逐渐减小；回程时不加压力，以减少锉齿的磨损。锉削频率一般应在 40 次/min 左右，推出时稍慢，回程时稍快，动作要自然协调，如图 1-56 所示。

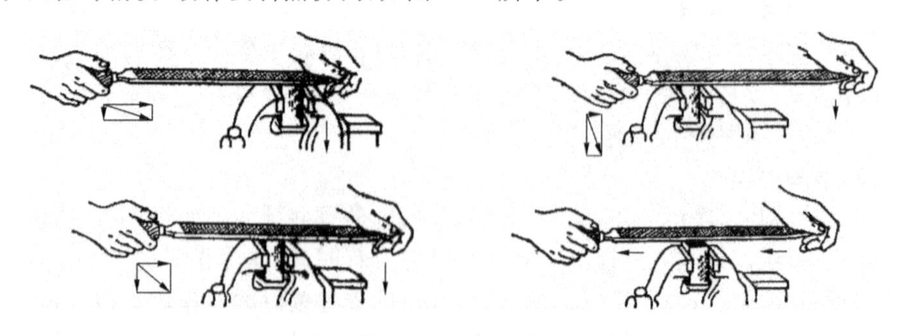

图 1-56　锉削平面时两手的用力情况

5. 平面的锉削方法

(1) 顺向锉:顺向锉时锉刀运动方向与工件夹持方向始终一致。锉削宽平面时,为使整个加工表面能均匀锉削,每次退回锉刀时应在横向进行适当移动。顺向锉的锉纹整齐一致,比较美观,这是最基本的一种锉削方法,如图 1-57(a)所示。精锉时必须顺向锉,使锉痕变直,纹理一致。

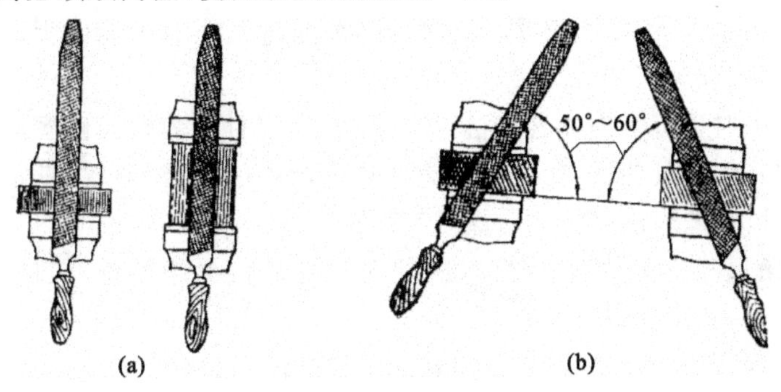

图 1-57　平面的锉法

(a) 顺向锉;(b) 交叉锉

(2) 交叉锉:交叉锉时锉刀运动方向与工件夹持方向呈 50°～60°夹角,且锉纹交叉。由于锉刀与工件的接触面大,锉刀容易保持平稳,同时,从锉痕上可以判断出锉削面的高低情况,便于不断修正锉削部位。交叉锉适用于粗锉,如图 1-57(b)所示。

(三) 检查平面度的方法

锉削工件时,由于锉削平面较小,其平面度通常采用刀口尺(或钢直尺)通过透光法检查,如图 1-58(a)、(b)所示。检查时,刀口尺垂直放在工件表面上,并在加工面的纵向、横向、对角方向多处逐一进行检查,以确定各方向的直线度误差。如果刀口尺与工件平面间透光微弱而均匀,说明该方向是平直的;如果透光强弱不一,说明该方向不平直。平面度误差值可用塞尺检查确定。对于中凹平面,其平面度误差可取各检查部位中的最大直线度误差值;对于中凸平面,则应在两边以同样厚度的塞尺检查,其平面度误差可取各检查部位中的最大直线度误差值,如图 1-58(c)所示。

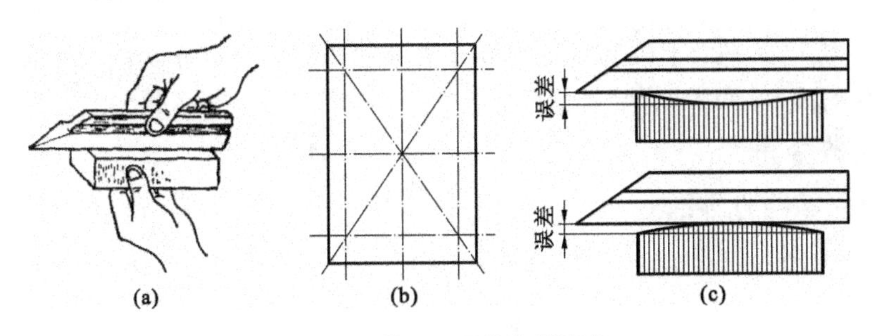

图 1-58　用刀口尺检查平面度

(a) 刀口检查;(b) 平面度检查;(c) 平面度误差法检查

刀口尺需要在被检查平面上改变位置时，不允许在平面上拖动，而应提起后再轻放到另一检查位置，否则刀口尺的测量棱边容易因磨损而降低精度。

塞尺是检验两个结合面之间间隙大小的片状量规。使用时根据被测间隙的大小，可用一片或数片重叠塞入检验，进行两次极限尺寸检验后得出其间隙的大小。例如，用 0.04 mm 的塞尺可以插入，而用 0.05 mm 的塞尺插不进去，其间隙应为 0.04 mm。塞尺很薄，容易弯曲和折断，测量时用力不能太大，用毕后要擦拭干净，及时合到夹板中。

日常训练时可以考虑用透光法检查平面度：工件与刀口尺贴紧对着光线（要求透光均匀），缝大处为低点，无缝处为高点。此法简单、效率高，但准确性差。

（四）用 90°角尺检查工件垂直度的方法

用 90°角尺检查工件垂直度前，应首先用锉刀将工件的锐边倒棱，如图 1-59 所示。检查时，要掌握以下几点。

（1）先将 90°角尺尺座的测量面紧贴工件基准面，从上方逐步向下轻轻移动，使 90°角尺的测量面与工件的被测表面接触，目光平视观察其透光情况，以此判断工件被测面与基准面是否垂直，如图 1-60(a)所示。检查时，90°角尺不可斜放，如图 1-60(b)所示，否则会得到不准确的检查结果。

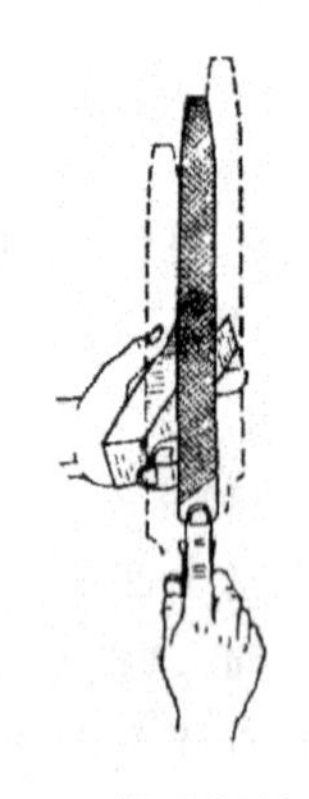

图 1-59　锐边倒棱方法

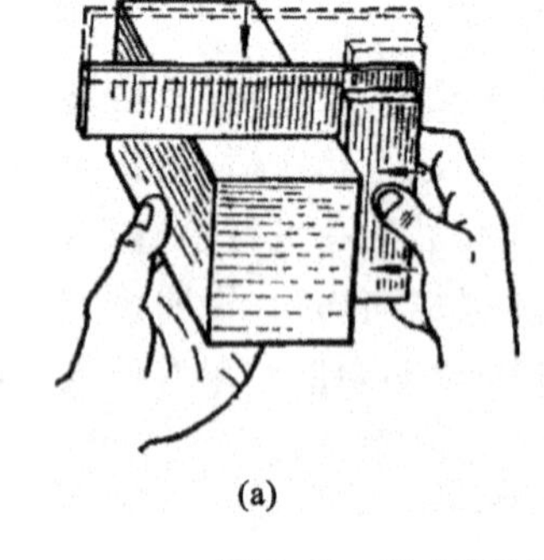

(a)

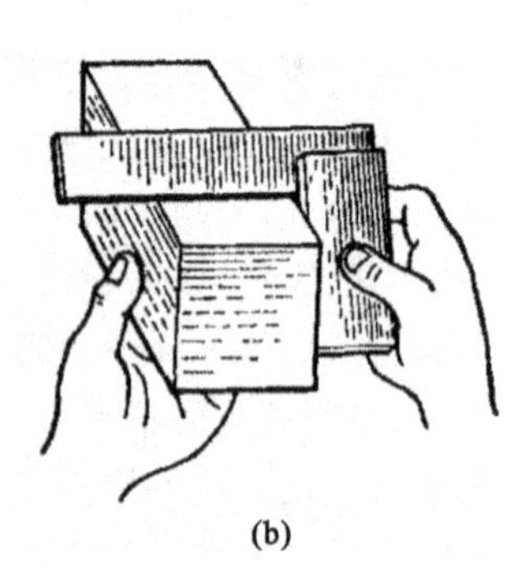

(b)

图 1-60　用 90°角尺检查工件垂直度

(a) 正确；(b) 不正确

（2）在同一平面上改变不同的检查位置时，90°角尺不可以在工件表面上拖动，以免磨损 90°角尺，影响其精度。

三、任务分析

（一）零件加工要求

锉削毛坯至图 1-61 所示精度要求。

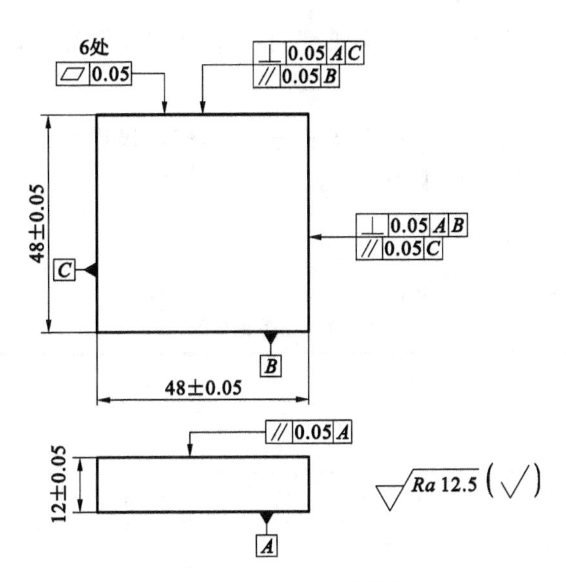

图 1-61　锉削加工零件图

(二) 工作内容及步骤

(1) 锉削基准平面 A,达到平面度 0.05 mm 的要求。

(2) 锉削 A 面的对面。以 A 面为基准,在相距 12 mm 处划出平面加工线,锉削平面达到尺寸(12±0.05) mm 的要求,平面度和平行度均为 0.05 mm。

(3) 锉削基准面 B,达到平面度和垂直度均为 0.05 mm。

(4) 锉削 B 面的对面。以 B 面为基准,在相距 48 mm 处划出平面加工线,并锉削平面达到尺寸(48±0.05) mm 的要求,平面度、垂直度、平行度均为 0.05 mm。

(5) 锉削基准面 C,达到平面度、垂直度均为 0.05 mm。

(6) 锉削 C 面的对面。以 C 面为基准,在相距 48 mm 处划出平面加工线,并锉削平面达到尺寸(48±0.05) mm 的要求,平面度、垂直度、平行度均为 0.05 mm。

(7) 在棱边上去毛刺,送检。

四、任务准备

35 钢长方体工件(52 mm×52 mm×16 mm)、台虎钳、250 mm 细扁锉、300 mm粗扁锉、游标卡尺、90°角尺、钢直尺、划针、刀口尺等。

五、任务实施

(1) 根据前述工作步骤要求实施任务。

(2) 锉削动作准确,合理分配加工余量,大、中锉相结合,保证长方体工件的尺寸公差。

(3) 掌握 90°角尺的正确用法,并保证测量结果准确。正确使用游标卡尺,保证测量结果准确。

(4) 在规定工时内完成长方体的锉削,保证达到零件精度要求。

六、质量检查

在锉削过程中从锉刀选择、安装的合理性、锉削操作的规范性、工件精度等方面适时检查,直至符合要求为止。

七、任务评价

根据表 1-7 进行任务评价。

表 1-7 任务评价表

学习小结:

考核内容	考核要求	分值	学生自评	教师评分
学习态度	遵守学习纪律,不迟到,不早退,学习认真	10		
安全文明生产	正确执行安全文明操作规程,场地整洁,工件和工具摆放整齐	10		
锉刀握法	左右手握法正确、配合协调	4		
站立步位和身体姿势	正确、协调	4		
平面度	0.05 mm(6 处)	18		
尺寸要求	(48±0.05)mm(2 处),(12±0.05)mm	15		
垂直度	0.05 mm	10		
平行度	0.05 mm	10		
表面粗糙度(Ra)	12.5 μm	4		
锉削动作	协调、自然,用力和速度适当	8		
锉纹	整齐	5		
倒角	均匀	2		
合计		100		

教师寄语:

任务七　钻孔、锪孔和铰孔加工

一、任务目标

(1) 掌握钻孔方法，并能进行一般孔的钻削加工。

(2) 了解锪孔方法。

(3) 掌握铰削余量的选择方法及铰孔方法。

二、背景知识

用钻头在实体材料上加工出孔的操作称为钻孔。钻孔时，由于钻头的刚度和精度较低，故加工精度不高，一般为IT10～IT9，表面粗糙度 Ra 值不小于12.5 μm。

锪孔是指在已加工的孔上加工圆柱形沉头孔、锥形沉头孔和凸台断面等的加工方法。

用铰刀对已经粗加工的孔进行精加工的过程称为铰孔，其加工精度一般可达IT9～IT7，表面粗糙度 Ra 值在3.2～0.8 μm之间，甚至更小。

(一) 钻孔

1. 钻孔时的工件划线

按钻孔的位置尺寸要求，划出孔位的十字中心线，并打上中心样冲眼(要求样冲眼要小，位置要准)，按孔的大小划出孔的圆周线。钻直径较大的孔时，还应划出几个大小不等的检查圆，如图1-62(a)所示，以便钻孔时检查和找正钻孔位置。当钻孔的位置尺寸精度要求较高时，为避免敲击中心样冲眼产生的偏差，也可直接划出以孔中心线为对称中心的几个大小不等的方格，如图1-62(b)所示，作为钻孔时的检查线，再将中心样冲眼敲大，以便准确落钻定心。

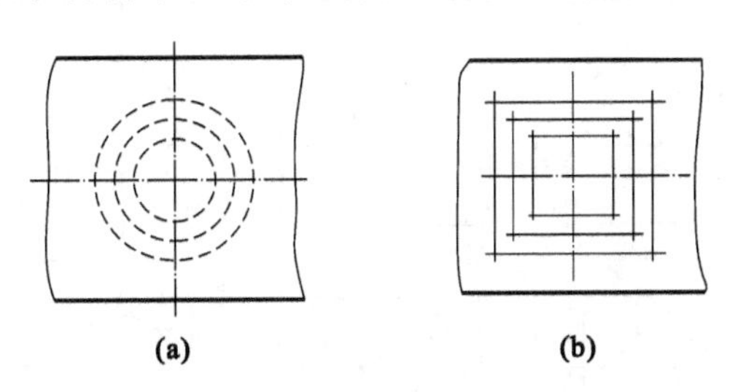

图1-62　钻孔时工件的划线

(a) 检查圆；(b) 检查方格

2. 钻床转速的选择

选择钻床转速前要先确定钻头的允许切削速度 v。用高速钢钻头钻削铸铁件时，v=14～22 m/min；钻削钢件时，v=16～24 m/min；钻削青铜或黄铜件时，v=30～60 m/min。当工件材料的硬度和强度较高时，v 取较小值(铸铁以200 HBW为中值，钢以 σ_b=700 MPa为中值)。钻头直径小时，v 也取较小值(以

ϕ16 mm 为中值)；钻孔深度大于 3 倍的钻头直径时，还应将取值乘以值为 0.7～0.8 的修正系数。最后求出钻床转速 n。

$$n=\frac{1000v}{\pi d}$$

式中：v 为切削速度，单位为 m/min；d 为钻头直径，单位为 mm。

例如，在钢件(σ_b=700 MPa)上钻 ϕ10 mm 的孔，钻头材料为高速钢，钻孔深度为 25 mm，则应选用的钻头转速为

$$n=\frac{1000v}{\pi d}\approx\frac{1000\times 19}{3.14\times 10}\ \mathrm{r/min}\approx 600\ \mathrm{r/min}$$

3. 工件的装夹

相对平正的工件可用台虎钳装夹。装夹时，工件表面应与钻头垂直。钻削直径大于 8 mm 的孔时，台虎钳必须用螺栓、压板固定。用台虎钳夹持工件钻削通孔时，工件底部应垫上垫铁，空出落钻部位，以免钻坏台虎钳。

4. 起钻

钻孔时，钻头先对准钻孔中心起钻出一浅坑，观察钻孔位置是否正确，不正确的要不断校正，使起钻浅坑与划线圆同心。

钻孔的校正方法如下：如偏位较少，可在起钻同时用力将工件向偏位的反方向推移，以逐步校正；如偏位较多，可在校正方向打上几个中心样冲眼或用油槽錾錾出几条槽，如图 1-63 所示，以减小此处的钻削阻力，达到校正的目的。但无论何种方法，都必须在锥坑外圆小于钻头直径之前完成，这是保证钻孔位置精度的重要一环。如果起钻锥坑外圆已经达到孔径，而孔位仍偏移，那么要再校正就困难了。

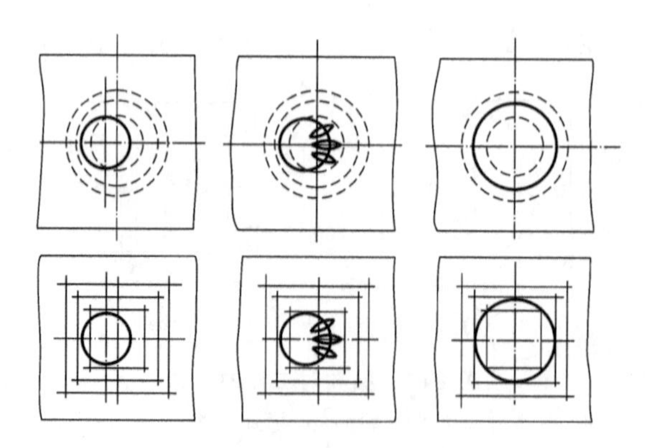

图 1-63　用錾槽校正起钻偏位的孔

5. 手动进给操作

在起钻达到钻孔的位置要求后，即可压紧工件完成钻孔。手动进给时，手动进给力不应使钻头产生弯曲现象，以免使钻孔轴线歪斜。钻削小直径孔或深孔时，进给力要小，并要经常退钻排屑，以免切屑阻塞而扭断钻头。一般在钻孔深

度达到钻头直径3倍时，要退钻排屑。钻头将穿透工件时，进给力必须减小，以防进给量突然过大，增大切削抗力，造成钻头折断，或使工件随着钻头转动造成事故。如果钻削盲孔，可按所需钻孔的深度调整钻床挡块限位。当所需孔深度要求不高时，也可用表尺限位。

6. 钻孔时的切削液

为了使钻头散热冷却，减少钻削时钻头与工件、切屑之间的摩擦，以及消除黏附在钻头和工件表面上的积屑瘤，钻孔时要加注足够的切削液，从而降低切削抗力，提高和改善孔的表面质量。钻削钢件时，可用3%～8%的乳化液；钻削铸铁件时，可不加切削液或用5%～8%的乳化液连续加注。

（二）锪孔

1. 锪孔的加工要求

锪锥形沉头孔时，锥角和最大直径（或深度）要符合图样规定（一般在沉头螺钉装入后，应低于工件平面约0.5 mm），加工表面无振痕；锪柱形沉头孔时，孔径和深度要符合图样规定，孔底面要平整并与原螺栓孔垂直，加工表面无振痕。

2. 使用刀具

锪孔的刀具有专用锥形锪钻、专用柱形锪钻和用麻花钻刃磨改制的锪钻等。

3. 锪孔要点

（1）锪孔时，进给量为钻孔的2～3倍，切削速度为钻孔的1/3～1/2。精锪时，往往利用钻床停车后主轴的惯性来锪孔，以减小振动，从而获得光滑表面。

（2）尽量选用较短的麻花钻头改制锪钻，并注意修磨，减小前角，以防止扎刀和振动，还应选用较小后角，防止加工振动，使孔呈多角形。

（3）锪钢件时，因切削热量大，应在导柱和切削表面加切削液。

（三）铰孔

1. 铰削刀具

铰刀和铰杠如图1-64所示。

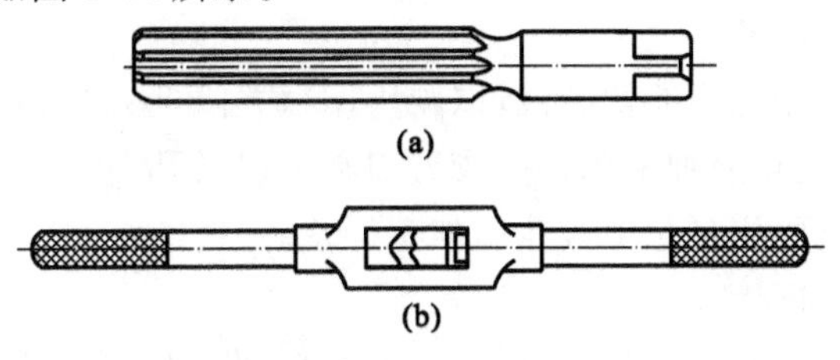

图1-64 铰刀和铰杠

(a) 铰刀；(b)铰杠

2. 铰削余量(直径余量)的选择

铰削余量的具体数值可参照表1-8选取。一般情况下，对于IT9或IT8级的孔，可一次铰出；对于IT7级的孔，应分粗铰和精铰；对于孔径大于20 mm的孔，可先钻孔再扩孔，然后进行铰孔。

表 1-8　铰削余量　（单位：mm）

铰孔直径	<5	5～20	21～32	33～50	51～70
铰削余量	0.1～0.2	0.2～0.3	0.3	0.5	0.8

3. 铰削操作方法

（1）手铰起铰时，可用右手通过铰孔轴线施加进刀压力，左手转动。正常铰削时，两手用力要均匀，平稳旋转，不得有侧向压力，同时适当加压，使铰刀均匀进给，以保证铰刀正确引进和获得较小的表面粗糙度值，并避免孔口成喇叭形或将孔径扩大。

（2）铰刀铰孔或退出铰刀时，铰刀均不能反转，以防止磨钝刃口以及将切屑嵌入刀具后面与孔壁间，将孔壁划伤。

（3）铰削尺寸较小的圆锥孔时，可先按小端直径并留取圆柱孔精铰余量钻出圆柱孔，然后用锥铰刀铰削即可。对于尺寸和深度较大的锥孔，为减小铰削余量，铰孔前可先钻出阶梯孔，如图 1-65 所示，再用铰刀铰削。铰削过程中要经常用相配的锥销检查铰孔尺寸，如图 1-66 所示。

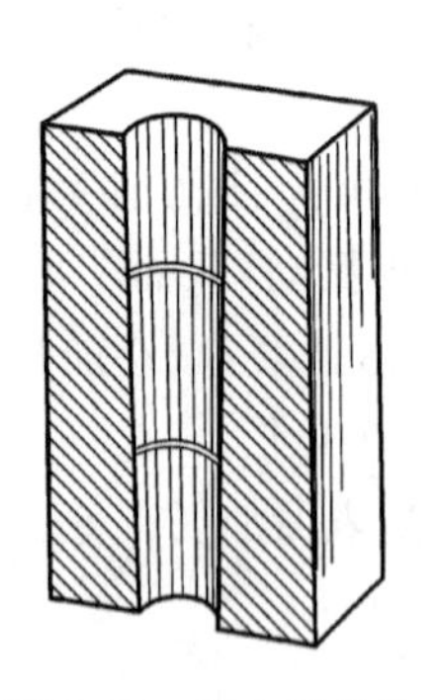

图 1-65　钻出阶梯孔

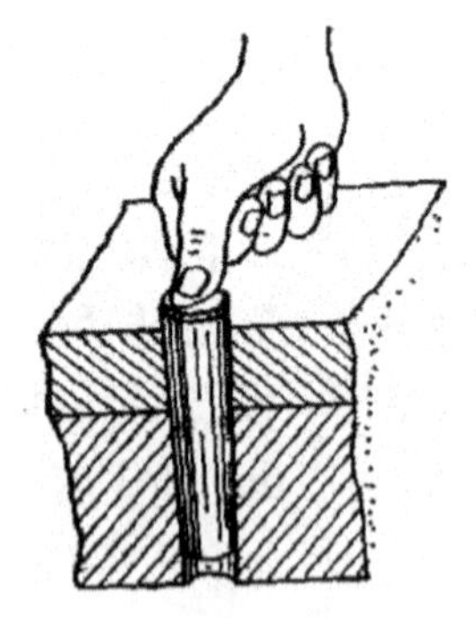

图 1-66　用锥销检查铰孔尺寸

4. 铰削时的切削液

铰削时必须选用适当的切削液，以减小摩擦并降低刀具和工件的温度，防止产生积屑瘤，并避免切屑细末黏附在铰刀刀刃上以及孔壁与铰刀刃带之间，从而降低加工表面的表面质量与增大孔的加工误差。

（四）孔加工的安全知识

（1）操作钻床时不可戴手套，袖口必须扎紧，留长发者必须戴工作帽，并将头发纳入帽内。

（2）工件必须夹紧，特别在小工件上钻削较大直径孔时装夹必须牢固。孔将钻穿时，要尽量减小进给量；钻削通孔时，要垫上垫块或使钻头对准工作台的沟槽，防止钻头损坏工作台。

（3）开动钻床前，应检查是否有钻夹头、钥匙或斜楔铁插在钻轴上。

(4) 钻孔时不可用手、棉纱头清除切屑(或用嘴吹除切屑),必须用毛刷清除切屑。钻出长条切屑时,要用钩子钩断后除去切屑。

(5) 操作者的头部不可与旋转着的主轴靠得太近;停车时应让主轴自然停止,绝不可用手制动,也不能用反转制动。

(6) 严禁在开车状态下装拆工件。如果要检验工件和变换主轴转速,必须在停车状况下进行。

(7) 清洁钻床或加注润滑油时,必须切断电源。

三、任务分析

(一) 零件加工要求

加工零件至如图 1-67 所示精度。

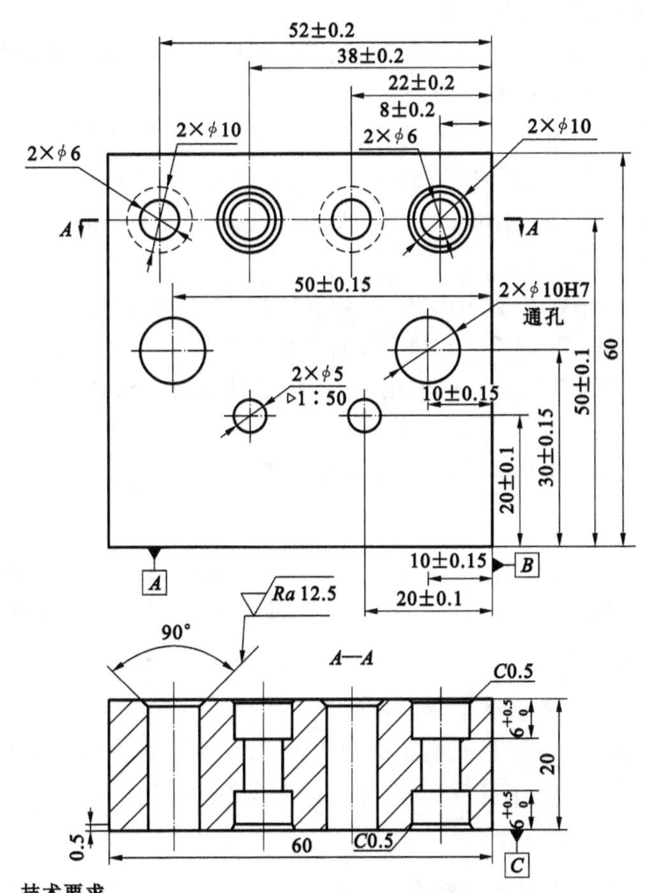

图 1-67 孔加工零件图

（二）工作内容及步骤

（1）练习使用麻花钻、刃磨 90°锥形锪钻和平底钻。

（2）在工件上完成钻孔、锪孔加工，具体加工步骤如下。

① 按锉削平行面和垂直面的方法使工件达到尺寸 60 mm×60 mm×20 mm 及垂直度、平行度均为 0.05 mm 的要求，并去毛刺。

② 从 *A*、*B* 基准面出发，划 2 个 ϕ5 mm 通孔中心线（中心线尺寸 20 mm×20 mm、20 mm×38 mm），划 2 个 ϕ10 mm 通孔中心线（中心线尺寸 10 mm×30 mm、30 mm×50 mm），划 ϕ6 mm 通孔中心线（中心线尺寸 50 mm×8 mm、50 mm×22 mm、50 mm×38 mm、50 mm×52 mm）。用游标卡尺复查，保证达到孔距准确要求。

③ 用样冲打正中心样冲眼。

④ 用划规分别划 2 个 ϕ5 mm、4 个 ϕ6 mm、6 个 ϕ10 mm 孔的圆周线，再划几个检查圆周线，以便准确落钻定心。

⑤ 分别钻削 2 个 ϕ4.5 mm 通孔、2 个 ϕ9.8 mm 通孔、4 个 ϕ6 mm 通孔，达到尺寸精度和孔与孔之间距离（20±0.1）mm、（30±0.15）mm、（50±0.10）mm、（8±0.20）mm、（10±0.15）mm、（22±0.20）mm、（38±0.20）mm、（52±0.20）mm、（50±0.15）mm 的要求。

⑥ 用柱形锪钻锪 2 个 $\phi 10\times 6^{+0.5}_{0}$ mm 的盲孔，用 90°锥形锪钻锪 90°孔，保证尺寸 2 个 ϕ10 mm、*Ra*12.5 μm 和 *C*0.5；将零件翻转 180°，用上述方法使用柱形锪钻锪 2 个 $\phi 10\times 6^{+0.5}_{0}$ mm 孔，使用 90°锥形锪钻锪 *C*0.5（锪孔时应在立钻上进行）。

⑦ 用手铰刀铰 2 个 ϕ10H7 通孔和铰锥度 1∶50 的锥孔。

四、任务准备

准备 35 钢长方体工件（65 mm×65 mm×22 mm）、钻头（ϕ4.5 mm、ϕ9.8 mm、ϕ6 mm）、90°锥形锪钻、ϕ10 mm 的圆柱铰刀、锥度为 1∶50 的圆锥铰刀。

五、任务实施

（1）根据前述工作步骤要求实施任务。

（2）掌握钻孔、扩孔、锪孔的正确操作步骤，严格履行安全操作规程。

（3）认真检测所加工孔的公差，分析产生误差的原因。

六、质量检查

按图 1-67 所示要求进行检查。

七、任务评价

根据表 1-9 进行任务评价。

表 1-9　任务评价表

学习小结：

考核内容	考核要求	分值	学生自评	教师评分
学习态度	遵守学习纪律，不迟到，不早退，学习认真	10		
安全文明生产	正确执行安全文明操作规程，场地整洁，工件和工具摆放整齐	10		
铰孔	1∶50 锥孔	10		
铰孔	$2\times\phi10$H7 mm	10		
钻孔	$4\times\phi6$ mm	8		
锪孔	$2\times\phi10$ mm(4 处)	8		
锪孔	深 $6^{+0.5}_{0}$ mm(4 处)	8		
锪孔	90°(至 $\phi10$)，Ra12.5 μm(2 处)	8		
锪孔	$4\times C0.5$ mm	6		
孔距	(20±0.1)mm(2 处)，(30±0.15)mm	6		
孔距	(50±0.10)mm，(50±0.15)mm，(10±0.15)mm	6		
孔距	(8±0.20)mm，(22±0.20)mm	5		
孔距	(38±0.20)mm，(52±0.20)mm	5		
合计		100		

教师寄语：

任务八　螺纹加工

一、任务目标

(1) 掌握攻螺纹和套螺纹的方法。

(2) 掌握攻螺纹、套螺纹常见问题的产生原因及预防方法。

二、背景知识

用丝锥在圆柱孔内表面切削出内螺纹的过程称为攻螺纹，用板牙在外圆柱面(如圆杆)上切削出外螺纹的过程称为套螺纹。

（一）攻螺纹

1. 攻螺纹工具

丝锥和铰杠分别如图 1-68、图 1-69 所示。

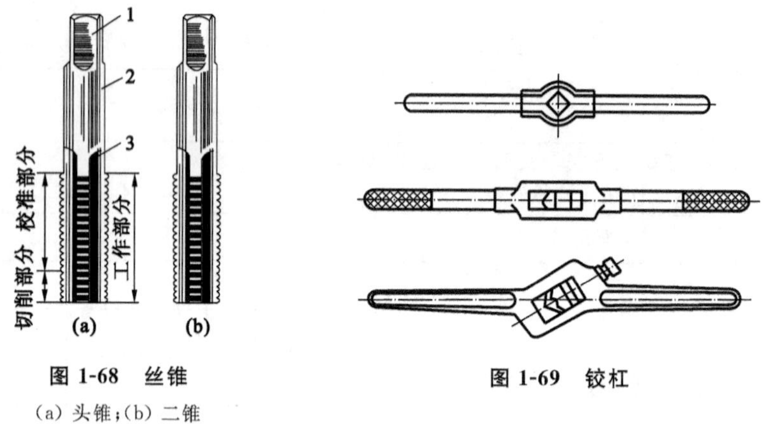

图 1-68　丝锥

(a) 头锥；(b) 二锥

1—方头；2—柄；3—槽

图 1-69　铰杠

2. 攻螺纹底孔直径的确定

攻普通螺纹底孔的直径可依表 1-10 中数据选择。

表 1-10　普通米制螺纹底孔直径　（单位：mm）

螺纹公称直径	螺距	底孔直径		螺纹公称直径	螺距	底孔直径	
		铸铁	钢			铸铁	钢
3	0.5	2.5	2.5	10	1.5	8.4	8.5
	0.35	2.6	2.7		1.25	8.6	8.7
4	0.7	3.3	3.3	12	1.75	10.1	10.2
	0.5	3.5	3.5		1.5	10.4	10.5
5	0.8	4.1	4.2	16	2	13.8	14
	0.5	4.5	4.5		1.5	14.4	14.5
6	1	4.9	5	18	2.5	15.3	15.5
	0.75	5.2	5.2		2	15.8	16
8	1.25	6.6	6.7	20	2.5	17.3	17.5
	1	6.9	7		2	17.8	18

3. 攻螺纹方法

(1) 划线，打样冲眼、底孔。

(2) 螺纹底孔的孔口需倒角，通孔螺纹两端也需倒角。倒角处直径可略大于螺孔大径，便于丝锥开始切削时切入，并可防止孔口出现挤压出来的凸边。

(3) 用头锥起攻。起攻时，一只手用手掌按住铰杠中部，沿丝锥轴线用力加压，另一只手配合顺向旋进，如图 1-70 所示。或两手握住铰杠两端均匀施加压力，并将丝锥顺向旋进，保证丝锥中心线与孔中心线重合，不使其歪斜。在丝锥攻入 1～2 圈后，应及时分别从前后方向和左右方向用 90°角尺检查垂直度，并不断校正至满足要求为止，如图 1-71 所示。

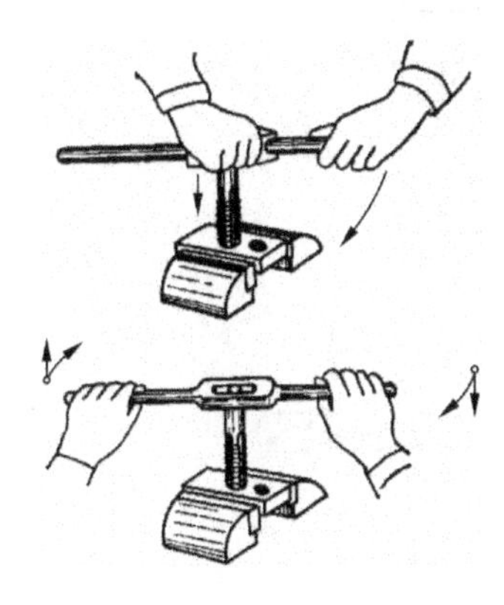

图 1-70　起攻方法

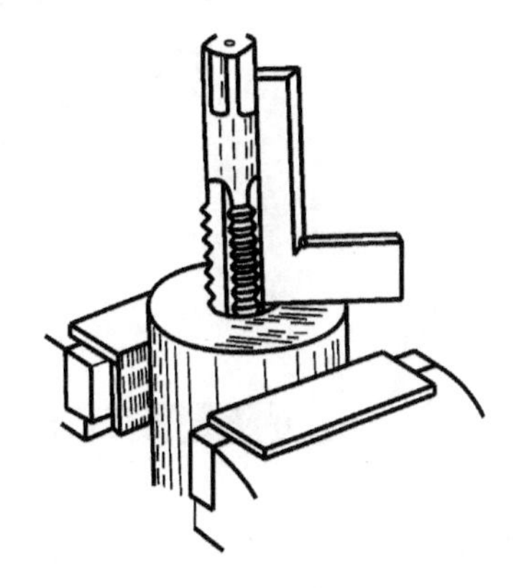

图 1-71　检查攻螺纹的垂直度

(4) 当丝锥的切削部分全部进入工件时，不需再施加压力，靠丝锥自然旋进切削即可。此时，两手旋转用力要均匀，并经常倒转丝锥 1/4～1/2 圈，使切屑碎断而容易排出，避免因切屑阻塞而卡住丝锥。

(5) 攻螺纹时，必须以头锥、二锥、三锥顺序攻削至标准尺寸。在较硬材料上攻螺纹时，轮换各丝锥交替攻下，以减小切削部分的负荷，防止折断丝锥。

(6) 攻盲孔时，可在丝锥上做深度标记，并要经常退出丝锥，清除留在孔内的切屑，否则切屑堵塞易使丝锥折断或攻螺纹达不到深度要求。当工件不便倒向清屑时，可用弯曲的细管吹出切屑，或用磁性针(棒)吸出切屑。

(7) 在韧性材料上攻螺孔时要加切削液，以减小切削阻力，减小加工螺孔的表面粗糙度值，延长丝锥寿命。在钢件上攻螺孔时，用机油做切削液。螺纹质量要求较高时，可用工业植物油做切削液。在铸铁件上攻螺孔时，可用煤油做切削液。

(二) 套螺纹

1. 套螺纹工具

圆板牙和铰杠(板牙架)分别如图 1-72、图 1-73 所示。

2. 套螺纹时的圆杆直径

套普通螺纹时圆杆直径可依表 1-11 中数据选择。

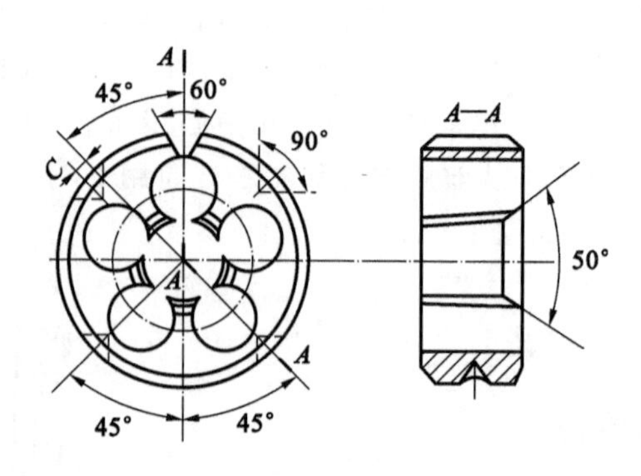

图 1-72 圆板牙

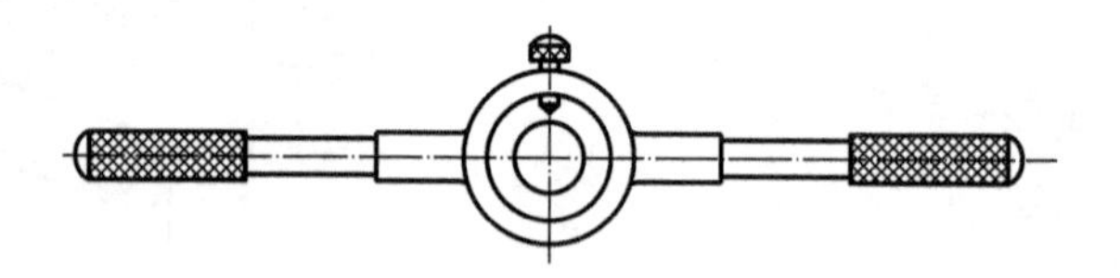

图 1-73 铰杠(板牙架)

表 1-11 套螺纹圆杆直径

粗牙普通螺纹				寸制螺纹			圆柱管螺纹		
螺纹直径/mm	螺距/mm	螺杆直径/mm		螺纹直径/in	螺杆直径/mm		螺纹直径/in	螺杆直径/mm	
		最小直径	最大直径		最小直径	最大直径		最小直径	最大直径
M6	1	5.8	5.9	1/4	5.9	6	1/8	9.4	9.5
M8	1.25	7.8	7.9	5/16	7.4	7.6	1/4	12.7	13
M10	1.5	9.75	9.85	3/8	9	9.2	3/8	16.2	16.5
M12	1.75	11.75	11.9	1/2	12	12.2	1/2	20.5	20.8
M14	2	13.7	13.85	—	—	—	5/8	22.5	22.8
M16	2	15.7	15.85	5/8	15.2	15.4	3/4	26	26.3
M18	2.5	17.7	17.85	—	—	—	7/8	29.8	30.1
M20	2.5	19.7	19.85	3/4	18.3	18.5	1	32.4	33.1
M22	2.5	21.7	21.85	7/8	21.4	21.6	11/8	37.4	37.7
M24	3	23.65	23.8	1	24.5	24.8	11/4	41.4	41.7

3. 套螺纹方法

(1) 套螺纹时的切削力矩较大,且工件均为圆杆,一般用 V 形夹块或厚铜衬作为衬垫,才能保证可靠夹紧。

(2) 为使板牙起套时容易切入工件并进行正确的引导,圆杆端部需倒角,使其成为锥半角为15°～20°的锥体，如图1-74所示。倒角的最小直径，可略小于螺纹小径，使切出的螺纹端部避免出现锋口和卷边。

(3) 起套方法与攻螺纹起攻方法相同。一只手按住铰杠中部，沿圆杆轴向施加压力，另一只手配合进行顺向切进，转动要慢，压力要大，并保证圆板牙端面与圆杆轴线的垂直度。在圆板牙切入圆杆2～3牙时，应及时检查其垂直度并准确校正。

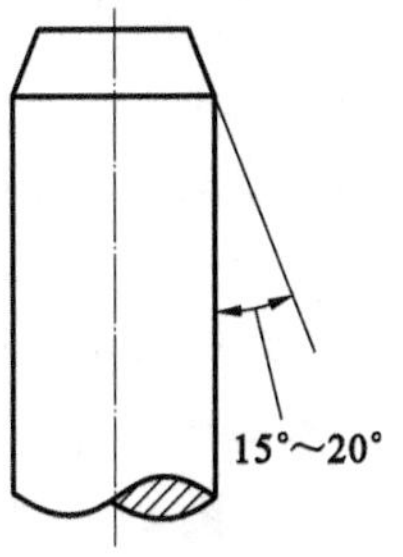

图1-74　套螺纹时圆杆的倒角

(4) 正常套螺纹时，不要再施加压力，让圆板牙自然引进，以免损坏螺纹和圆板牙。套螺纹时也要经常倒转以断屑。

(5) 在钢件上套螺纹时要加切削液，以减小加工螺纹的表面粗糙度值和延长圆板牙寿命。一般可用机油或较浓的乳化液做切削液；要求高时，可用工业植物油做切削液。

三、任务分析

(一) 零件加工要求

零件如图1-75所示，按图样加工，具体尺寸要求参见表1-12、表1-13。

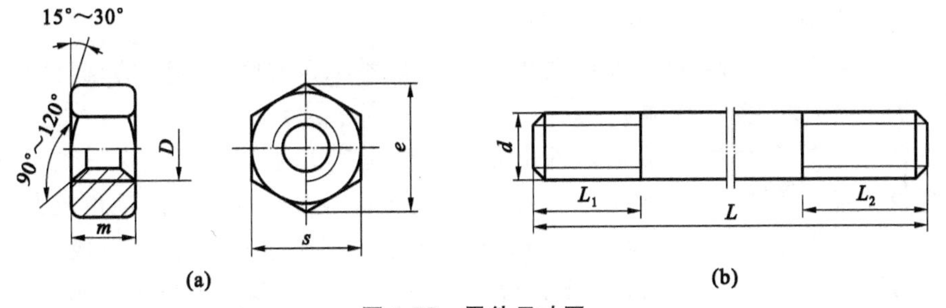

图1-75　零件尺寸图

(a) 零件1；(b) 零件2

表1-12　攻螺纹　（单位：mm）

零件编号	D	s	e	m
1	10	16	17.7	8.4
2	12	18	20.03	10.8

表1-13　套螺纹　（单位：mm）

零件编号	d	L	L_1	L_2
1	M8	100	20	30
2	M10	150	20	40

（二）工作内容及步骤

1. 攻螺纹

（1）按图 1-75 所示尺寸要求划出螺孔的加工位置线，钻螺孔底孔，并对孔口倒角。

（2）攻螺纹 M10，M10 用相应的螺钉配检。

2. 套螺纹

（1）按图 1-75 所示尺寸要求落料。

（2）完成 M8、M10 两件双头螺柱的套螺纹加工，用相应螺母配检。

四、任务准备

准备 35 钢件（ϕ20 mm×10 mm，ϕ22 mm×12 mm），Q235 钢件（(ϕ7.8～ϕ7.9) mm×100 mm），Q235 钢件（(ϕ9.75～ϕ9.85)mm×150 mm），M8、M10 丝锥，铰杠，M10、M12 圆板牙，90°角尺等。

五、任务实施

（一）操作要求

（1）攻螺纹时，底孔要准确，倒角要到位，起攻应稳定垂直；用力要均匀，倒转要及时，避免丝锥被卡住或者折断。

（2）套螺纹时，注意选择底杆直径，保证所套螺纹光滑、端正，不脱牙、断牙。

（二）注意事项

（1）在钻削螺母底孔时要用立钻，必须先熟悉机床的使用、调整方法，然后再进行加工，并做到安全操作。

（2）起攻、起套时，要及时从两个方向进行垂直度的校正，这是保证攻螺纹、套螺纹质量的重要一环。特别在套螺纹时，由于圆板牙切削部分的锥角较大，起套时导向性较差，容易产生圆板牙端面与圆杆轴心线不垂直的现象，造成切削出的螺纹牙型一面深一面浅，并随着螺纹长度的增加，其歪斜现象将按比例明显增加，甚至不能继续切削。

（3）保持起攻、起套操作的正确性。攻（套）螺纹时，要保持两手用力均匀和掌握好最大用力限度，这是攻（套）螺纹的重要基本功。

六、质量检查

检查丝锥、圆板牙选择与安装的合理性，检查攻螺纹、套螺纹操作的规范性，检查加工后的精度。在攻螺纹、套螺纹的过程中适时检查，直至符合要求为止。

七、任务评价

根据表 1-14 对任务进行评价。

表 1-14　任务评价表

学习小结：

考核内容	考核要求	分值	学生自评	教师评分
学习态度	遵守学习纪律，不迟到，不早退，学习认真	10		
安全文明生产	正确执行安全文明操作规程，场地整洁，工件和工具摆放整齐	10		
钻削螺纹底孔	正确	10		
孔口倒角	均匀	2		
攻螺纹	螺纹光滑、端正，不乱牙、滑牙，丝锥无折断，用相应螺柱配检合格	25		
套螺纹底杆直径选择	正确	8		
底杆端部倒角	均匀	2		
套螺纹	螺纹光滑、端正，不脱牙、断牙，用相应螺母配检合格	25		
动作	操作规范，用力均匀	8		
合计		100		

教师寄语：

任务九　钳工综合加工(一)

一、任务目标

(1) 巩固划线、锉削、钻孔、精度测量，以及对工件各型面的加工等基本技能，能达到图样各项技术要求。

(2) 熟练推锉技能，达到纹理整齐、表面光洁要求。

(3) 做到安全生产和文明生产。

二、背景知识

(1) 加工顺序是,先面后孔,先粗后精,先基准后其他。

(2) 小型锉刀的握法如图 1-76 所示。

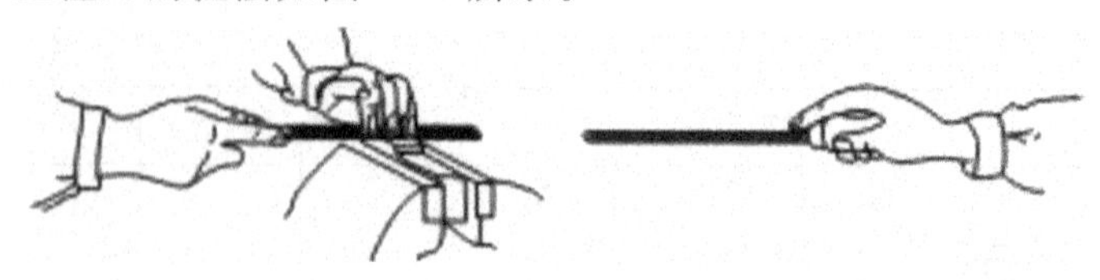

图 1-76 小型锉刀的握法

三、任务分析

(一) 零件加工要求

将毛坯加工成图 1-77 所示零件。

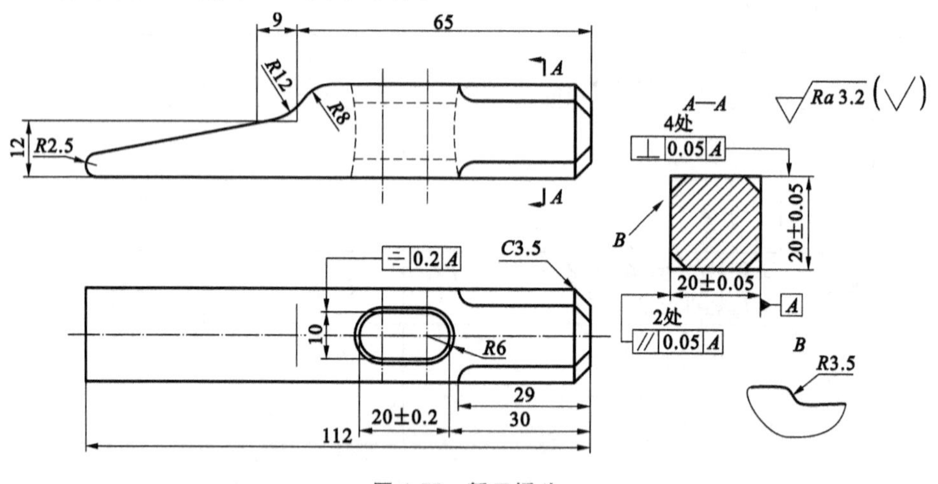

图 1-77 錾口锤头

(二) 工作及步骤

(1) 分析图样,确定加工工艺过程。

(2) 检查毛坯尺寸。

(3) 按要求锉准尺寸为 15 mm×20 mm×20 mm 的长方体。

(4) 以长面为基准,锉一端面,达到基本垂直,表面粗糙度 *Ra* 值≤3.2 μm。

(5) 以上述长面及端面为基准,划出形体加工线(几面同时划出),并按图样尺寸划出 *C*3.5 倒角加工线。

(6) 锉 4 处 *C*3.5 倒角达到要求,具体方法为:先用圆锉粗锉出 *R*3.5 mm 内圆弧面,然后分别用粗、细扁锉锉倒角,再用圆锉细加工 *R*3.5 mm 内圆弧面,最后用推锉法修整,并用砂布打光。

(7) 划出腰形孔加工线及钻孔检查线,并用 ϕ9.7 mm 钻头钻孔。

(8) 用圆锉锉通两孔,然后用掏锉按要求锉好腰形孔。

(9) 按划线在 $R12$ mm 处钻削 $\phi5$ mm 孔，钻好后用手锯按加工线锯去多余部分（放锉削余量）。

(10) 先用半圆锉按线粗锉 $R12$ mm 内圆弧面，用扁锉粗锉斜面与 $R8$ mm 圆弧面至划线处，后用细扁锉细锉斜面，用半圆锉细锉 $R12$ mm 内圆弧面，再用细扁锉细锉 $R8$ mm 外圆弧面。最后用细扁锉及半圆锉进行推锉修整，达到各型面连接圆滑、光洁、纹理整齐。

(11) 锉 $R2.5$ mm 圆头，并保证工件总长 112 mm。

(12) 八角端部棱边倒角 $C2$。

(13) 用砂布将各加工面全部修整光，交件待验。

(14) 待工件检验后，再将腰形孔各面倒出 1 mm 弧形喇叭口，将 20 mm×20 mm端面锉成略呈凸弧形面，然后将工件两端热处理淬硬。

四、任务准备

准备 45 钢棒（$\phi32$ mm×115 mm）、台虎钳、锉刀、手锯、钻头（$\phi9.8$ mm）、游标卡尺、刀口尺等。

五、任务实施

（一）操作要求

(1) 严格按照操作步骤和图 1-77 所示尺寸进行加工练习，避免出现尺寸变动。

(2) 初步掌握零件的加工步骤和工艺方法，熟悉划线、倒角、圆角的加工方法。

（二）注意事项

(1) 用 $\phi9.7$ mm 钻头钻孔时，要求钻孔位置正确，钻孔孔径没有明显扩大，以免造成加工余量不足，影响腰形孔的正确加工。

(2) 锉腰形孔时，应先锉两侧平面，后锉两端圆弧面。锉平面时要注意控制锉刀的横向移动，防止锉坏两端孔面。

(3) 加工四角 $R3.5$ mm 内圆弧面时，横向锉要锉准、锉光，之后容易推光，且圆弧尖角处也不易塌角。

(4) 加工 $R12$ mm 内圆弧面与 $R8$ mm 外圆弧面时，横向必须平直，并与侧平面垂直，这样才能使圆弧面连接正确，外形美观。

六、质量检查

从锉刀选择、工件安装的合理性、划线的正确性、锉削操作的规范性、工件精度等方面进行质量检查。加工过程中适时检查，直至符合要求。

七、任务评价

根据表 1-15 进行任务评价。

表 1-15　任务评价表

学习小结：

考核内容	考核要求	分值	学生自评	教师评分
学习态度	遵守学习纪律，不迟到，不早退，学习认真	10		
安全文明生产	正确执行安全文明操作规程，场地整洁，工件和工具摆放整齐	10		
加工过程	标准规范，姿势正确	10		
尺寸	(20±0.05)mm(2 处)	6		
平行度	0.05 mm(2 处)	6		
垂直度	0.05 mm(4 处)	8		
C3.5 倒角	尺寸正确(4 处)	8		
R3.5 mm 内圆弧	连接光滑，尖角处无塌角(4 处)	8		
R12 mm 与 R8 mm 圆弧	圆弧连接圆滑	6		
舌部斜面平直度	0.05 mm	6		
腰形孔长度	(20±0.2)mm	6		
腰形孔对称度	0.2 mm	4		
R2.5 mm 圆弧面	圆滑	4		
倒角	均匀，各棱线清晰	4		
表面粗糙度(Ra)	≤3.2 μm，纹理整齐	4		
工时	8 h			
合计		100		

教师寄语：

任务十　钳工综合加工(二)

一、任务目标

(1) 巩固划线、锯削、锉削、铰孔、精度测量以及对工件各型面的加工步骤等基本技能,能达到图样各项技术要求。

(2) 熟练推锉技能,达到纹理整齐、表面光洁要求。

(3) 做到安全生产和文明生产。

二、背景知识

(1) 加工顺序是,先面后孔,先粗后精,先基准后其他。

(2) 钳工综合加工操作流程如图 1-78 所示。

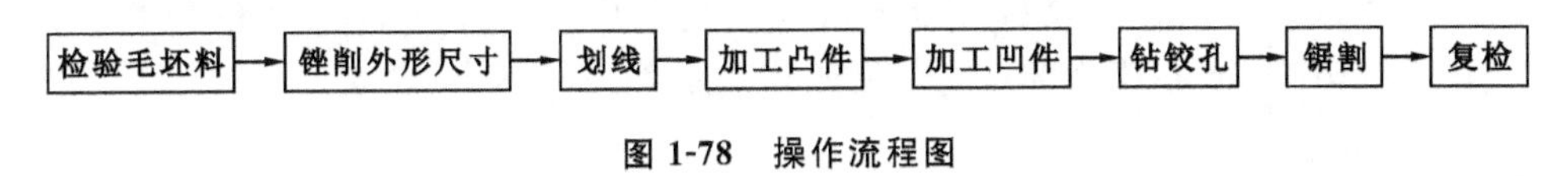

图 1-78　操作流程图

三、任务分析

(一) 零件加工要求

将毛坯加工成图 1-79 所示零件。

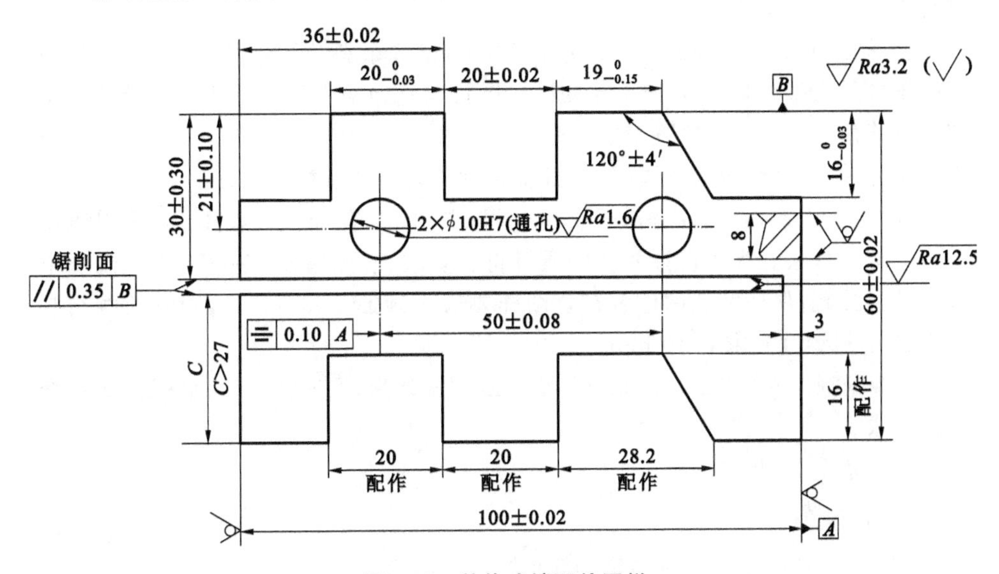

图 1-79　整体式镶配件图样

(二) 工作及步骤

(1) 检查毛坯料,按备料图检查毛坯料是否符合要求。

(2) 锉削外形尺寸,根据整体式镶配件图样修整毛坯料外形,使锉削后各面的平面度误差、平行度误差、垂直度误差均在 0.01 mm 范围内，保证尺寸(100±0.02) mm、(60±0.02) mm。

(3) 划线，按整体镶配件图样的要求划出镶配件的外形轮廓和孔的位置线，并在孔的中心打好样冲眼(最好在双面划线，以便加工时进行检查)。

(4) 加工凸件。

① 加工 20 mm×16 mm 的凹槽。钻孔，锯割，排除余料，粗、精加工凹槽，通过间接测量，保证尺寸(20±0.02) mm 和 $16_{-0.03}^{\ 0}$ mm，以及其平面度与垂直度等要求。

② 加工左侧尺寸(即 16 mm×16 mm)。锯去余料，粗、精锉削加工各面，用深度千分尺直接测量 16 mm 尺寸或通过间接测量，保证尺寸 $16_{-0.03}^{\ 0}$ mm 和 $16_{\ 0}^{+0.02}$ mm，同时应保证其平面度、垂直度等要求。

③ 加工右侧斜面。锯去余料，粗、精锉削加工各面，用深度千分尺直接测量，保证尺寸 $16_{-0.03}^{\ 0}$ mm，用游标万能角度尺测量 120°角(为保证 120°角的位置，用千分尺和 ϕ10 mm 心棒测量)，同时保证其平面度、垂直度等要求。

(5) 加工凹件。

① 加工 20 mm×16 mm 的凹槽。钻孔，锯割，排除余料，粗、精加工该槽，通过直接测量尺寸 16 mm 和 64 mm((100－16－20) mm＝64 mm)，保证尺寸 20 mm、16 mm (或间接测量，保证尺寸 $16_{-0.03}^{\ 0}$ mm)，并保证其平面度及垂直度等要求。

② 加工带 120°斜面的凹槽。钻孔、锯割，排除余料，粗、精加工各面，通过用深度千分尺直接测量尺寸 16 mm(或通过间接测量)来保证尺寸 $16_{-0.03}^{\ 0}$ mm。用游标万能角度尺测量 120°角(为保证 120°角的位置，用千分尺和 ϕ10 mm 心棒测量)，保证其平面度、垂直度要求，以此保证此凹槽符合图样要求。

(6) 钻、铰 2×ϕ10H7 mm 孔。在钻孔、扩孔、铰孔加工过程中，应采用边钻孔边测量的方法。为了保证两孔的质量符合要求，应先钻其中一孔，待达到要求后再钻第二孔，保证两孔的位置符合图样要求((50±0.08) mm)，同时兼顾与基准面 A 的对称度要求 0.10 mm。

(7) 锯割尺寸(30±0.3) mm。按划线位置锯割，保证其尺寸、平行度等符合图样要求。

(8) 复检，去毛刺。

四、任务准备

(1) 制作所需的物品准备清单，如表 1-16 所示。

(2) 整体式镶配件备料图如图 1-80 所示。

表 1-16　物品准备清单

序号	名称	规格	精度	数量	备注
1	钻床	Z412	2 级	1	
2	划线平板	300 mm×500 mm	2 级	1	
3	台虎钳	150 mm		1	
4	工作台灯			1	
5	平口钳		2 级	1	
6	切削液			若干	
7	红丹粉			若干	
8	砂轮机			1	
9	锉刀	100～300 mm	1～5 号	各 1	
10	钻头	ϕ3 mm,ϕ5 mm,ϕ7 mm, ϕ9.8 mm,ϕ9.9 mm,ϕ12 mm		各 1	
11	铰刀	ϕ10 mm	H7	1	
12	钢直尺	150 mm		1	
13	划针			1	
14	样冲			1	
15	锤子	0.5 kg		1	
16	狭錾			1	
17	手锯			1	
18	锯条	300 mm		若干	
19	活扳手	200 mm		1	
20	游标高度卡尺	0～300 mm	0.02	1	
21	游标卡尺	0～150 mm	0.02	1	
22	千分尺	0～25 mm	0.01	1	
23	千分尺	25～50 mm	0.01	1	
24	千分尺	50～75 mm	0.01	1	
25	千分尺	75～100 mm	0.01	1	
26	深度千分尺	0～50 mm	0.01	1	
27	刀口尺	125 mm	1 级	1	
28	90°角尺	100 mm×63 mm	1 级	1	
29	游标万能角度尺	0°～320°	2′	1	
30	心棒	ϕ10 mm×30 mm		2	
31	毛刷			1	
32	软钳口			1	
33	锉刀刷			1	
34	方箱	小型	2 级	1	
35	塞尺	0.02～0.05 mm		1	
36	塞规	ϕ10H7	1 级	1	

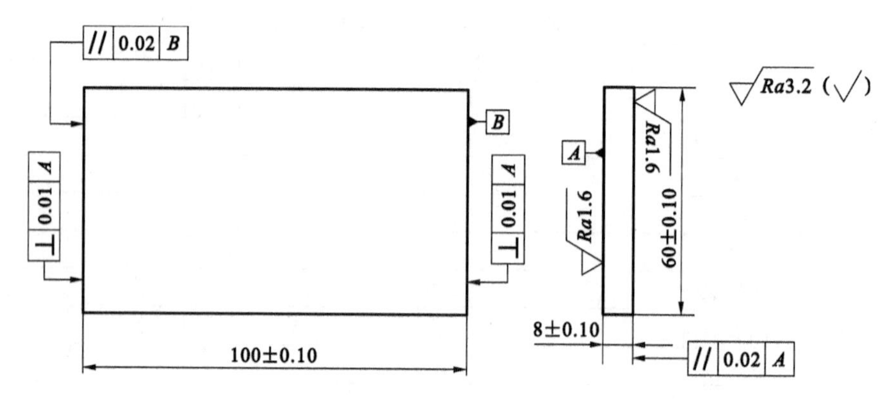

图 1-80　整体式镶配件备料图

五、任务实施

（一）操作要求

(1) 严格按照操作步骤和图 1-80 所示尺寸进行操作加工，避免出现尺寸变动。

(2) 以凸件(上)为基准，凹件(下)配作，配合间隙应小于 0.05 mm（检测配合间隙时才将此件锯断），配合后两端面的错位量应不超过 0.06 mm。

（二）注意事项

(1) 划线后，应及时检查各部分尺寸和位置是否正确，样冲眼是否打正。

(2) 加工各部分尺寸时，注意平面度、平行度、垂直度之间的关系。

(3) 加工凸、凹件时，注意测量方法；若采用间接测量，注意准确计算尺寸。

(4) 加工 120°角度时，注意随时测量角度和尺寸，保证其符合图样要求。

(5) 加工 2×ϕ10H7 孔时，注意尺寸、表面粗糙度、对称度等要求。

(6) 注意各棱边倒角 C0.25。

六、质量检查

对划线、锉刀选择、工件安装的合理性，划线的正确性，锉削操作的规范性、工件精度等方面，加工过程中适时检查，直至符合要求。

(1) 检查毛坯尺寸及其平面度和垂直度是否符合备料图样要求。

(2) 检查外形尺寸，使其平面度误差、平行度误差、垂直度误差均符合图样要求。

(3) 划线后检查各部分形状和位置是否符合图样要求。

(4) 凸、凹件的检查应尽量直接测量，避免误差的产生。

(5) 用 ϕ10H7 塞规检查 2×ϕ10H7 mm 孔。

(6) 用游标卡尺检查锯割尺寸(30±0.3) mm。

七、任务评价

根据表 1-16 对任务进行评价。

表 1-16　任务评价表

学习小结：

考核内容	考核要求	分值	学生自评	教师评分
学习态度	遵守学习纪律，不迟到、不早退，学习认真	5		
安全文明生产	正确执行安全文明操作规程，场地整洁，工件和工具摆放整齐	5		
锉削精度	(36 ± 0.02) mm	4		
	$20_{-0.03}^{0}$ mm	4		
	(20 ± 0.02) mm	4		
	$16_{-0.03}^{0}$ mm	5		
	$120^\circ\pm4'$	4		
	表面粗糙度(Ra)，3.2 μm，18 处	9		
铰孔精度	钻削 $2\times\phi10$H7 mm	3		
	(50 ± 0.08) mm	6		
	对称度，0.10 mm	4		
	表面粗糙度(Ra)，1.6 μm，2 处	3		
锯削精度	(30 ± 0.30) mm	6		
	平行度，0.35 mm	3		
	表面粗糙度(Ra)，12.5 μm，2 处	2		
配合精度	配合间隙$\leqslant$0.05 mm，9 处	27		
	错位量$\leqslant$0.06 mm	6		
合　　计		100		

教师寄语：

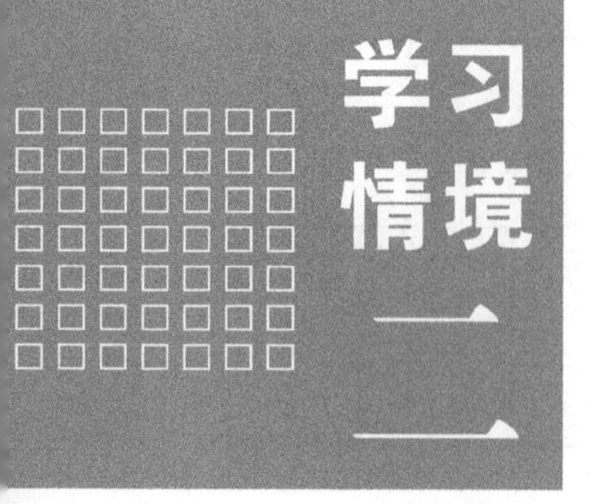

普通车削加工

车削加工是以主轴带动工件做回转运动为主运动，以刀具的直线运动为进给运动加工回转体表面的切削方法，如图 2-1 所示。车削是机械加工中应用最广泛的方法之一，是加工轴套类、盘盖类工件的主要方法。

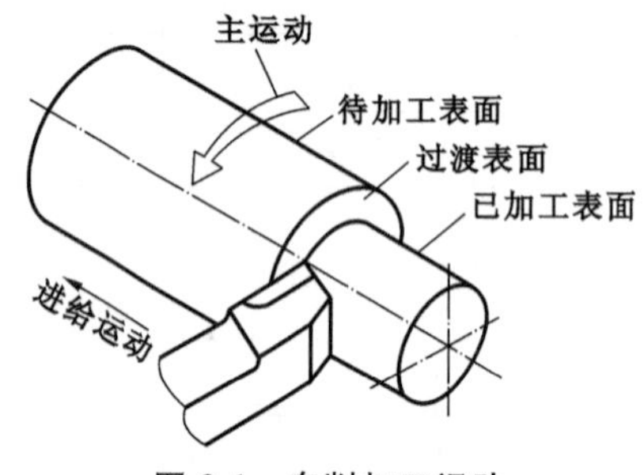

图 2-1　车削加工运动

车床可以车削外圆、车削端面、切断和切槽、钻中心孔、钻孔、镗孔、铰孔、车削螺纹、车削圆锥面、车削特形面、滚花以及盘绕弹簧等，如图 2-2所示。

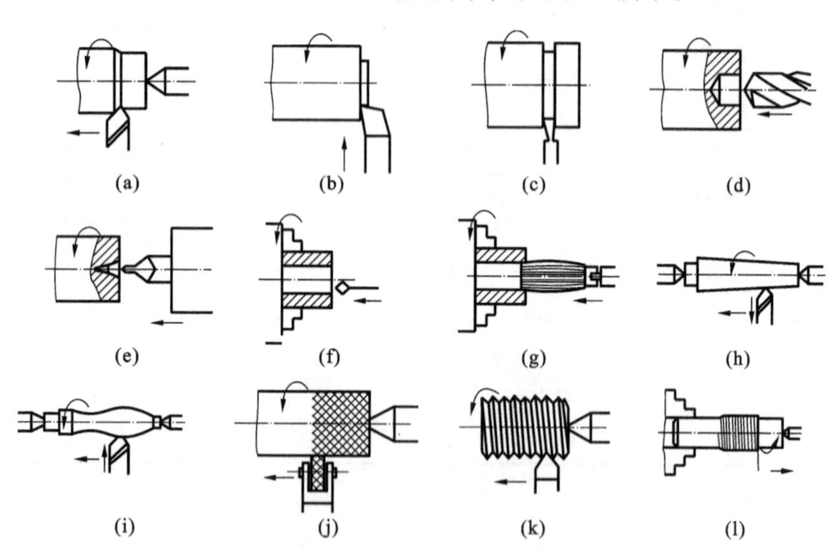

图 2-2　车削加工的工作范围

(a) 车削外圆；(b) 车削端面；(c) 切断(切槽)；(d) 钻孔；(e) 钻中心孔；(f) 车削内孔(镗孔)；(g) 铰孔；(h) 车削圆锥面；(i) 车削特形面；(j) 滚花；(k) 车削螺纹；(l) 盘绕弹簧

任务一　车床的基本操作

一、任务目标

熟悉卧式车床的组成及其主要功用，掌握卧式车床的基本操作方法，掌握车刀及工件的安装方法。

二、背景知识

（一）卧式车床的组成及其主要功用

卧式车床的结构如图 2-3 所示。

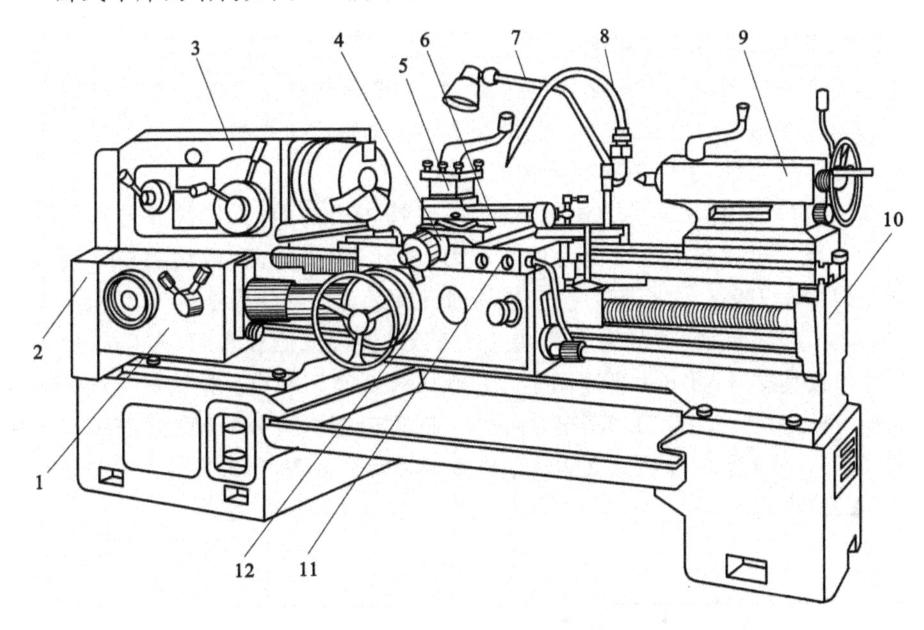

图 2-3　卧式车床

1—进给箱；2—交换齿轮箱；3—主轴箱；4—中滑板；5—刀架；6—小滑板；
7—照明灯；8—冷却管；9—尾座；10—床身；11—床鞍；12—溜板箱

(1) 主轴箱的功用是使主轴获得不同的转速。主轴用来装夹卡盘，卡盘用于装夹工件。

(2) 交换齿轮箱的功用是把主轴箱内的运动传给进给箱。改变交换齿轮箱内的齿轮，并配合进给箱，就可满足车削螺纹和自动进给的需要。

(3) 进给箱的功用是把交换齿轮箱传来的运动，经变速后传给光杠、丝杠，再由光杠、丝杠带动溜板箱，以满足自动进给和车削螺纹的需要。

(4) 溜板箱是车床进给运动的操纵箱。它可以实现手动进给与自动进给的转换，可将光杠、丝杠传来的运动分别传递给中滑板或床鞍。光杠传来的运动供纵、横向自动进给时使用；丝杠传来的运动供车削螺纹时使用。

(5) 床鞍用来支承中滑板和实施纵向进给或车削螺纹；中滑板用来支承小滑板和实施横向进给；小滑板用来支承刀架、对刀、车削圆锥面和短距离的纵向进给等；刀架用来装夹刀具。

(6) 床身是车床上精度要求较高的大型零件。它用来支承和安装其他部件，并是纵向进给和尾座移动的基准导轨面。

(7) 尾座应用广泛：装上顶尖可支顶工件；装上钻头可以钻孔；装上铰刀可以铰孔；装上丝锥、板牙可以攻螺纹和套螺纹等。

(8) 冷却部分的功用是在车削时给切削区浇注充分的切削液；照明部分的功用是保证车削时有足够的亮度。

(二) 车刀

1. 常用车刀的种类和用途

车刀是完成车削加工所必需的工具，它直接参与从工件上切除余量的车削加工过程。车刀的性能取决于刀具的材料、结构和几何参数。刀具性能的优劣对车削加工的质量、生产效率有直接的影响。

车刀的种类很多，分类方法也不同，一般按车刀的用途、形状或刀具的材料等进行分类。车刀按用途可分为外圆车刀、内孔车刀、切断(或切槽)车刀、螺纹车刀及成形车刀等。内孔车刀按其能否加工通孔，又可分为通孔车刀和不通孔车刀。车刀按其形状，可分为直头或弯头车刀、尖刀或圆弧车刀、左(或右)偏刀等。车刀按其材料，可分为高速钢车刀和硬质合金车刀两类。按被加工表面精度的高低，车刀可分为粗车刀和精车刀两类。车刀按结构，可分为焊接式车刀和机械夹固式车刀等两类，其中机械夹固式车刀又按其能否刃磨，分为重磨式车刀和可转位(不重磨)式车刀两类。图 2-4 所示的为部分车刀的种类和用途。

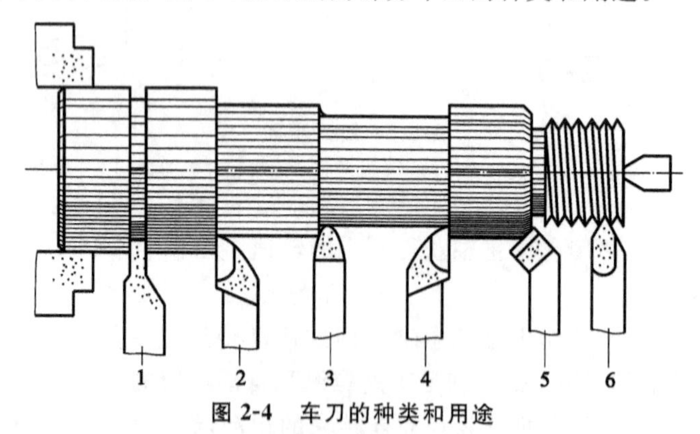

图 2-4　车刀的种类和用途

1—切削外槽；2—车削右台阶；3—车削台阶圆角；4—车削左台阶；5—倒角；6—车削螺纹

(1) 偏刀用来车削工件的外圆、台阶和端面。

(2) 弯头车刀用来车削工件的外圆、端面和倒角。

(3) 切断车刀用来切断工件或在工件上切出沟槽。

(4) 内孔车刀用来车削工件的内孔。

(5) 圆弧车刀用来车削工件台阶处的圆角和圆槽，或车削特形面工件。

(6) 螺纹车刀用来车削螺纹。

硬质合金可转位式车刀的刀片不需焊接，用机械夹固方式安装在刀杆上，在刀片的切削刃磨损后，只需转过一角度即可使刀片上新的切削刃继续切削，大大缩短了换刀时间，而且刀杆利用率高，刀片使用寿命长，还可以选择不同形状和角度的刀片组成外圆车刀、端面车刀、内孔车刀等。

2. 车刀的组成

车刀是由刀头(或刀片)和刀杆两部分组成的。刀杆用于把车刀装夹在刀架上；刀头部分担负切削工作，所以又称为切削部分。如图 2-5 所示，车刀的刀头由以下几部分组成。

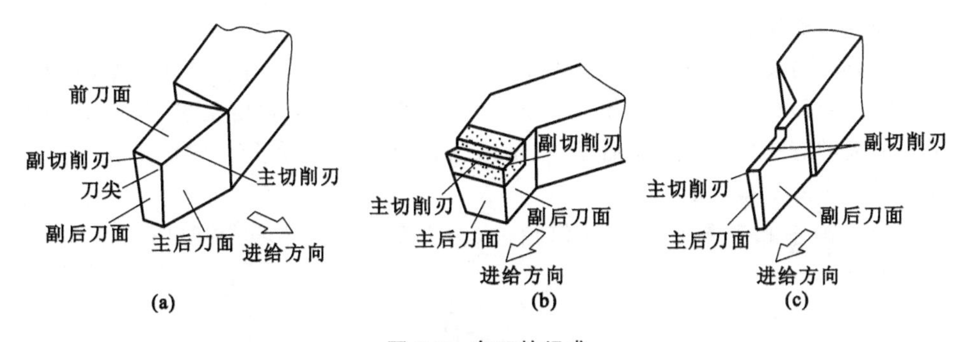

图 2-5　车刀的组成

(1) 前刀面：刀具上切屑沿其流过的表面。

(2) 主后刀面：与工件上过渡表面相对应的刀面。

(3) 副后刀面：与工件上已加工表面相对应的刀面。

(4) 主切削刃：前刀面和主后刀面的相交部位。它担负着主要的切削工作。

(5) 副切削刃：前刀面和副后刀面的相交部位。它配合主切削刃完成切削工作。

(6) 刀尖：主切削刃和副切削刃的相交部位。为了提高刀尖的强度和车刀耐用度，很多车刀在刀尖处磨出圆弧形或直线形过渡刃。

3. 车刀的常用材料

车刀切削部分在车削过程中承受着很大的切削力和冲击力，并且在很高的切削温度下工作，连续地经受着强烈的摩擦，所以车刀切削部分的材料必须具备硬度高、耐磨、耐高温、强度好和韧度高等性能。

目前常用的车刀材料有高速工具钢和硬质合金两大类。

高速工具钢是一种含有高质量分数的钨、铬、钒的合金钢。高速工具钢刀具制造简单，刃磨方便，容易磨得锋利，而且韧度较高，能承受较大的冲击力，因此常用于加工一些冲击力较大、形状不规则的工件。高速工具钢也常作为精加工车刀(如宽刃大进给的车刀、梯形螺纹精车刀等)以及成形车刀的材料。但高速工具钢的耐热性较差,因此不能用于高速切削。

常用的高速工具钢牌号是 W18Cr4V(每个化学元素后面的数字,系指材料中含该元素的平均质量分数)。

硬质合金是用钨和钛的碳化物粉末加钴作为结合剂,高压压制后再经高温烧结而成的。硬质合金车刀能耐高温,即使在 1 000℃左右仍能保持良好的切削性能。常温下硬度很高,而且具有一定的使用强度。缺点是韧度较低、硬脆、怕冲击。但这一缺陷,可通过刃磨至合理的刀具角度来弥补。所以硬质合金是目前高速切削中应用最广泛的一种车刀材料。

硬质合金按其成分分类,主要有钨钴类合金(YG3、YG6、YG8)和钨钛钴类合金(YT5、YT15、YT30)两大类。

4. 车刀的角度

刀具的角度对车削加工的影响很大,了解车刀的主要角度及其对车削加工的影响是对刀具进行合理刃磨的前提。车刀切削部分的角度很多,其中对加工影响最大的有前角、后角、副后角、主偏角、副偏角及刃倾角等。它们是在不同的辅助平面内测量得到的。

为了确定和测量车刀的几何角度,需要假想三个辅助平面作为基准,如图 2-6 所示。

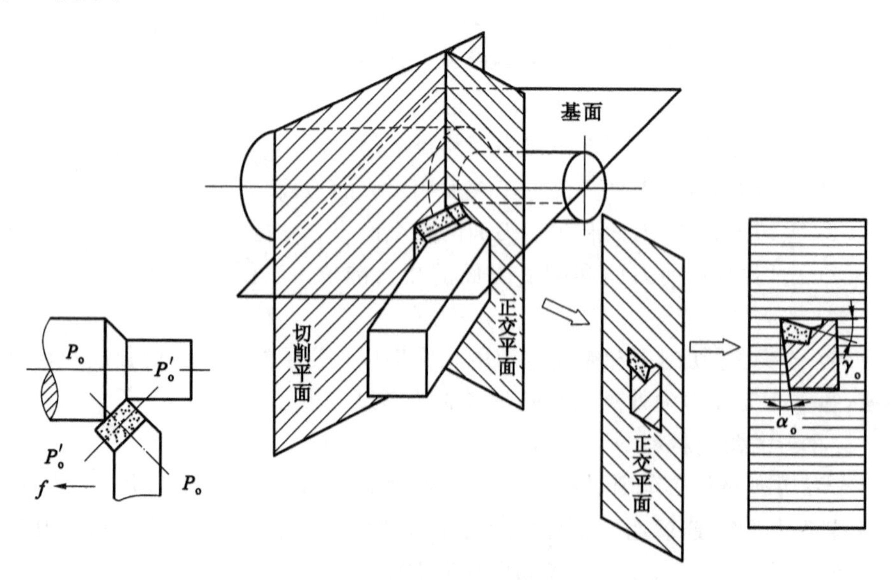

图 2-6 确定车刀角度的辅助平面

(1) 基面(P_r):通过主切削刃上选定点,垂直于该点切削速度方向的平面。

(2) 切削平面(P_s):通过主切削刃选定点,与主切削刃相切并垂直于基面的平面。

(3) 正交平面(P_o):通过主切削刃选定点,并垂直于基面和切削平面的平面。

显然,切削平面、基面、正交平面始终是相互垂直的。对车削而言,基面一般是通过工件轴线的。

5. 车刀的主要角度和作用

以外圆车刀为例,车刀的主要角度如图 2-7 所示。

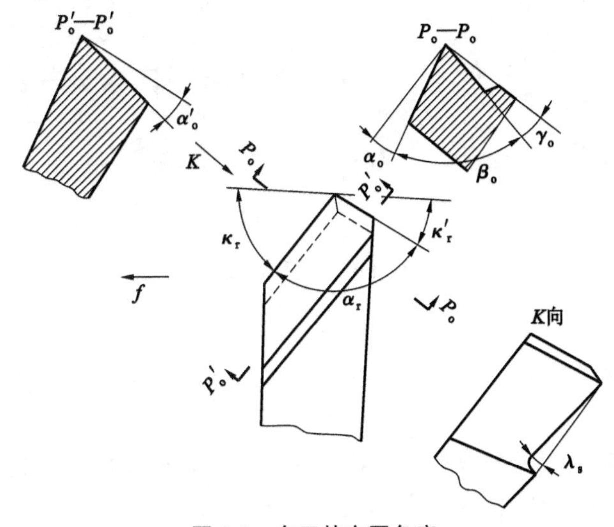

图 2-7　车刀的主要角度

在正交平面内测量的角度如下。

(1) 前角(γ_o):前刀面与基面之间的夹角,前角影响刃口的锋利性和强度,影响切削变形和切削力。增大前角能使车刀刃口锋利,减小切削变形,可使切削省力,并使切屑容易排出。

(2) 后角(α_o):主后刀面与切削平面之间的夹角,后角的主要作用是减小车刀主后刀面与工件之间的摩擦。

(3) 副后角(α_o'):副后刀面与切削平面之间的夹角。副后角的主要作用是减小车刀副后刀面与工件之间的摩擦。

在基面内测量的角度如下。

(1) 主偏角(κ_r):主切削刃在基面上的投影与进给方向之间的夹角。主偏角的主要作用是改变主切削刃和刀头的受力情况与散热情况。

(2) 副偏角(κ_r'):副切削刃在基面上的投影与背进给方向之间的夹角。副偏角的主要作用是减小副切削刃与工件已加工表面之间的摩擦。

在切削平面内测量的角度是刃倾角(λ_s),它是指主切削刃与基面之间的夹角。刃倾角的主要作用是控制切屑的排出方向,刃倾角为负值可增加刀头强度(刀头受冲击时保护刀尖)。

6. 车刀安装

车刀安装得正确与否，直接影响到加工质量和车刀的正常工作。车刀的安装方法如图 2-8 所示。

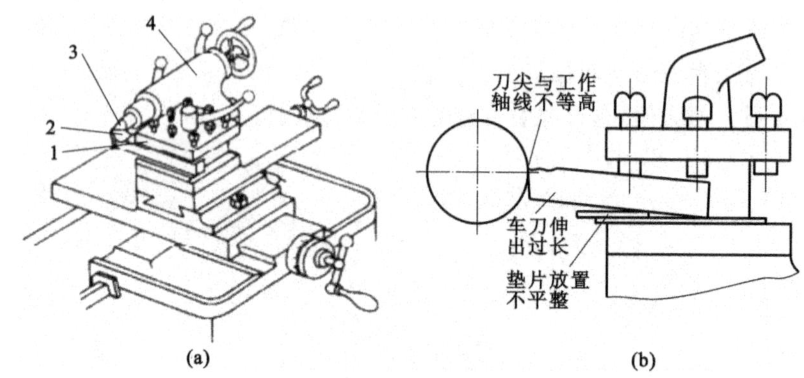

图 2-8 车刀的安装

(a) 正确；(b) 错误

1—刀架；2—车刀；3—顶尖；4—尾座

安装后的车刀刀尖必须与工件轴线等高，刀杆与工件轴线垂直，才能发挥刀具的切削性能。

要合理调整垫刀片的数量，不能过多；刀尖伸出的长度应小于车刀刀杆厚度的 2 倍，以免产生振动而影响加工质量。

使用紧固螺栓夹紧车刀时，至少要拧紧两个紧固螺栓；拧紧紧固螺栓后，扳手要随手取下，以防发生安全事故。

（三）车床夹具

车床夹具是用于保证被加工工件在车床上与刀具之间相对正确位置的专用工艺装备。夹具通常安装在车床的主轴前端部，与主轴一起旋转。车床上常用的夹具大体上可分为卡盘和顶尖等两种。

1. 卡盘

卡盘的种类主要有自定心卡盘(见图 2-9)、单动卡盘(见图 2-10)以及花盘等。

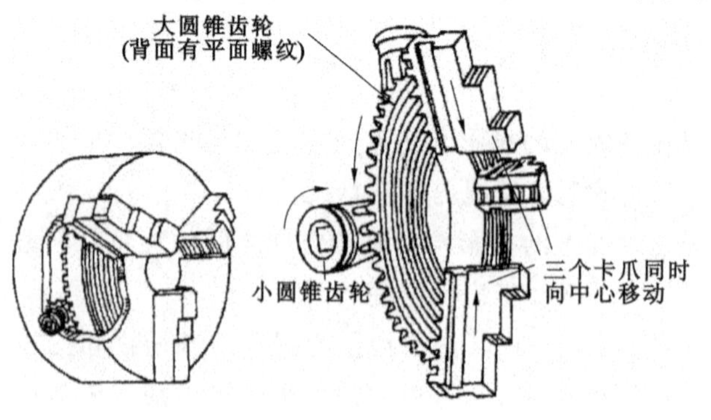

图 2-9 自定心卡盘

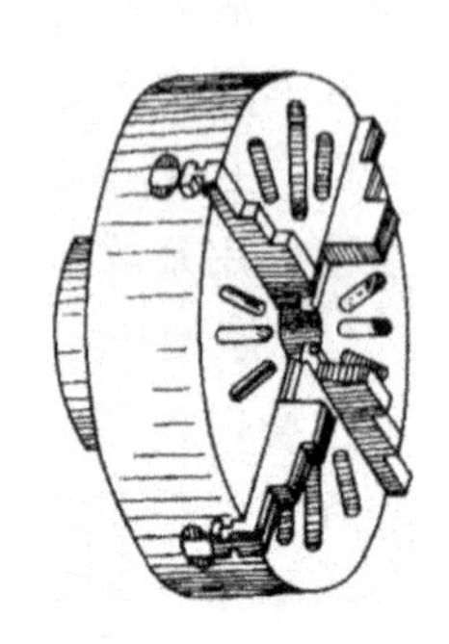

图 2-10 单动卡盘

自定心卡盘的结构如图 2-9 所示。当用卡盘扳手转动小锥齿轮时，大锥齿轮随着转动，在大锥齿轮背面螺纹的作用下，三个卡爪同时向中心移动或退出，以夹紧或松开工件。自定心卡盘对中性好，自动定心精度为0.05～0.15 mm。

单动卡盘外形如图 2-10 所示，它的四个卡爪通过四个螺杆各自独立移动，除装夹圆柱体工件外，还可以装夹正方形、长方形及不规则形状的工件。装夹时，必须用划针盘或百分表进行找正，以使车削的回转体轴线对准车床主轴轴线。

2. 顶尖

双顶尖适于较长轴类工件（$4<L/d<15$，L/d 为长径比）的装夹。加工细长轴（$L/d>15$）时，常用跟刀架或中心架作为辅助支承，以增加装夹刚度。对于以孔为定位基准的盘盖类工件，可采用心轴装夹，易于保证外圆、端面和内孔间的位置精度。双顶尖装夹轴类工件如图 2-11 所示。

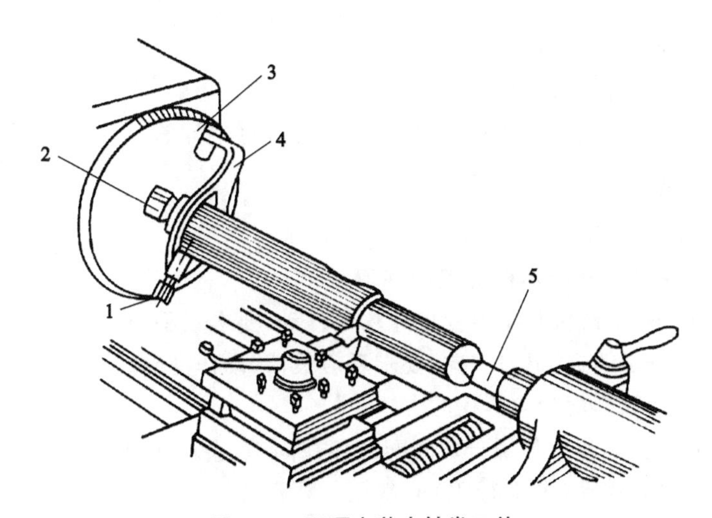

图 2-11　双顶尖装夹轴类工件

1—紧固螺钉；2—前顶尖；3—拨盘；4—鸡心夹头；5—后顶尖

（四）车床的基本操作

车床的基本操作主要包括主轴箱变速手柄的操作、进给箱手柄的操作、溜板箱手柄的操作。

主轴的变速机构安装在主轴箱内，变速手柄在主轴箱的前表面上。操作时扳动变速手柄，就可拨动主轴箱内的滑移齿轮，以改变传动路线，使主轴得到不同的转速。

操作进给箱手柄，可改变车削时的进给量和螺距。进给箱手柄在进给箱的前表面上，进给箱的上表面有一个标有进给量和螺距的标牌，可先在表格中查到所需的数值，再根据表中的提示，配换齿轮，并将手柄逐一扳到位即可。

溜板箱上一般有纵向、横向自动进给手柄，开合螺母接通手柄和床鞍移动手轮。

在车床的中滑板、小滑板上有刻度盘手柄，刻度盘安装在进给丝杠的轴头上，转动刻度盘手柄可带动车刀移动。中滑板刻度盘手柄用于调整背吃刀量，小滑板刻度盘手柄用于调整轴向尺寸和车削圆锥。中滑板刻度盘上一般标有每格尺寸，刻度盘每转一格，车刀移动的距离为0.02 mm，即每进一格，轴的半径减小0.02 mm，直径则减小0.04 mm。

三、任务分析

（1）掌握卧式车床的基本操作方法。

（2）掌握右偏车刀安装的步骤和方法。

（3）掌握不同形状工件装夹的步骤和方法。

四、任务准备

（1）车床尾座上安装好顶尖。

（2）右偏刀一把，垫刀片若干。

（3）圆柱形工件、正三棱柱形工件、正六棱柱形工件等。

五、任务实施

（一）车床基本操作

1. 床鞍、中滑板和小滑板的摇动练习

（1）使床鞍、中滑板和小滑板慢速均匀移动，要求双手交替、动作自如。

（2）分清三者的进、退刀方向，要求反应灵活，动作准确。

（3）掌握消除刻度盘空行程的方法。

使用刻度盘时，丝杠与螺母之间配合存在间隙，会产生刻度盘转动而床鞍和中、小滑板并没有移动（即空行程）的现象。要消除前述现象，须注意：当将刻度线转到超过所需的格数位置时，必须反向退回全部空行程，然后再转到需要的格数，不得直接退回超过的格数。

2. 车床的启动和停止练习

（1）车床启动前要检查各手柄的位置是否正确，然后接通电源。

（2）练习主轴箱和进给箱的变速操作。主轴要变速时，必须先停车；进给箱的变速要在停车和低速时进行。

3. 调整溜板箱和进给箱手柄的位置，进行自动进给练习，注意行程

（1）在车床运转时，如有异常声音，必须立即停车并切断电源。

（2）车床加工前，需要低速运转2 min左右，保证润滑到位，之后才能进行车削加工。

（二）车刀安装

1. 安装车刀

（1）车刀安装在方刀架左侧。

（2）车刀前刀面朝上。

（3）刀头伸出长度约等于刀体厚度的1.5倍。

（4）右偏刀主切削刃应与横向进给方向成3°～5°。

（5）刀尖应与车床旋转轴线等高，一般用尾顶尖校对高度。

（6）用垫刀片调整刀尖高度。

2. 固定车刀

安装好车刀，用螺钉轻轻固定。

3. 校对刀尖高度

（1）把刀架摇向尾座。

（2）扳转方刀架，摇动尾座套筒，使刀尖接近顶尖。

（3）观察刀尖高低。

（4）加垫刀片——对顶尖——调整垫刀片——对顶尖——……一直到刀尖与顶尖等高为止。

（5）注意事项如下。

① 扳转方刀架不能用力过猛，防止车刀甩出；

② 移动刀架和顶尖时，要防止刀尖撞击顶尖而损坏；

③ 垫刀片要平整对齐。

4. 压紧车刀

（1）锁紧方刀架。

（2）压紧车刀。

（3）注意事项如下。

① 紧固车刀时应先锁紧方刀架（卸刀时也要先锁紧方刀架）；

② 紧固车刀时刀尖应远离顶尖，防止方刀架转动而碰坏刀尖；

③ 如刀尖略高，应先拧紧车刀前面的螺钉；

④ 如刀尖略低，应先拧紧车刀后面的螺钉。

（三）工件装夹

1. 在单动卡盘上装夹工件

由于单动卡盘的四个卡爪能各自独立移动，因此必须将工件加工部分的旋转轴线找正到与车床主轴旋转轴线重合后才能车削。单动卡盘的夹紧力大，可装夹大型或不规则形状的工件。单动卡盘可装成正爪和反爪两种，反爪用来装夹直径较大的工件。

2. 在自定心卡盘上装夹工件

自定心卡盘能自动定心，不需花很多时间去找正，装夹效率比单动卡盘的高，但夹紧力没有单动卡盘的大。这种卡盘不能装夹形状不规则的工件，只适用于大批量的中小型规则形状零件的装夹，可装夹圆柱形工件、正三棱柱形工件、正六棱柱形工件等。

自定心卡盘也可装成正爪和反爪。必须注意：用正爪装夹工件时，工件直径不能太大，一般卡爪伸出卡盘圆周不超过卡爪长度的1/3，否则卡爪跟平面螺纹只有2～3牙啮合，切削力容易使卡爪上的螺纹碎裂。因此装夹大直径工件时，要撑住工件内孔来车削。

3. 在两顶尖间装夹工件

对于较长的或必须经过多次装夹才能完成的工件（如长轴、长丝杠的车削），或工序较多、在车削后还要进行铣削、磨削的工件，为了每次装夹都能保证其装夹精度（保证同轴度），可以采用两顶尖装夹的方法。因为两顶尖装夹方便，不需找正，所以装夹精度高。

用两顶尖装夹工件时，必须先在工件的两端面上钻出中心孔。

在车床上钻中心孔的方法如下。

(1) 先把工件夹在卡盘上，尽可能伸出短一些，端面不能留有凸头。

(2) 缓慢均匀地摇动尾座手轮，使中心钻钻入工件端面。

(3) 钻到尺寸后，保持中心钻原地不动转数秒钟，使中心孔圆整后再退出。

4. 用一夹一顶装夹工件

在两顶尖间装夹工件，刚度较低，因此，车削一般轴类零件，尤其是较重的工件，不能采用两顶尖装夹的方法，而采用一端夹住（用自定心卡盘或单动卡盘，并在卡盘内做一限位支承，或夹住工件台阶处，以防止工件轴向窜动），另一端用后顶尖顶住的装夹方法。这种方法比较安全，能承受较大的切削力，因此应用得很广泛。

六、质量检查

（一）车刀安装

(1) 刀头伸出长度不超过刀杆厚度的2倍。

(2) 刀尖与车床主轴中心线等高。

(3) 车刀底面的垫片平整。

（二）工件装夹

(1) 根据不同类型工件正确选择工件装夹方式。

(2) 工件装夹正确、牢固。

七、任务评价

根据表2-1进行任务评价。

表 2-1 任务评价表

学习小结：

考核内容	考核要求	分值	学生自评	教师评分
学习态度	遵守学习纪律，不迟到，不早退，学习认真	15		
安全文明生产	正确执行安全文明操作规程，场地整洁，工件和工具摆放整齐	15		
车刀安装	安装步骤合理，刀尖位置和刀头伸出长度正确	20		
工件装夹	装夹步骤合理，工件夹持牢固	20		
车床的基本操作	机床启动与停止，主轴正反转和转速的调整	7		
	刀架的横向、纵向进给，进给量的初步计算	15		
	进给空行程的消除及尺寸控制的方法	8		
合格		100		

教师寄语：

任务二 车削外圆、端面和台阶

一、任务目标

(1) 正确调整卧式车床和使用工、夹、量具。

(2) 安装外圆车刀，在卧式车床上完成中等精度零件的车削加工。

(3) 基本掌握典型表面加工的工艺过程。

(4) 掌握车削用量三要素及切削速度计算公式。

二、背景知识

(一) 车削外圆

1. 安装工件和校正工件

安装工件的方法主要有自定心卡盘定心、单动卡盘定心、心轴定心等。校正工件的方法有划针校正和百分表校正等。

2. 选择车刀

车削外圆可用图 2-4 所示的各种车刀。直头车刀(尖刀)的形状简单，主要用于粗车外圆；弯头车刀不但可以车削外圆，还可以车削端面；偏刀则常用于加工台阶轴和细长轴。

3. 调整车床

车床的调整包括主轴转速调整和车刀的进给量调整。

主轴的转速是根据切削速度计算选取的。而切削速度的选择则与工件材料、刀具材料以及工件加工精度有关。用高速钢车刀车削时，$v=0.3\sim1$ m/s；用硬质合金刀车削时，$v=1\sim3$ m/s。车削硬度高的工件比车削硬度低的工件的转速低一些。根据选定的切削速度计算出车床主轴的转速，再对照车床主轴转速铭牌，选取车床上最近似计算值而偏小的一挡，然后按照铭牌的手柄位置要求扳动手柄即可。但要特别注意的是，必须在停车状态下扳动手柄。

例如，用硬质合金车刀加工直径 $D=200$ mm 的铸铁带轮，选取的切削速度 $v=0.9$ m/s，计算主轴的转速为

$$n=\frac{1000\times60\times v}{\pi D}=\frac{1000\times60\times0.9}{3.14\times200}\ \text{r/min}\approx99\ \text{r/min}$$

从主轴转速铭牌中选取偏小一挡的近似值为 94 r/min，扳动手柄即可选择挡位。

进给量是根据工件加工要求确定的。粗车时，一般取 0.2～0.3 mm/r。精车时，根据需要的表面粗糙度而定。例如，表面粗糙度(Ra)值为 3.2 μm 时，选用 0.1～0.2 mm/r；表面粗糙度(Ra)值为 1.6 μm 时，选用 0.06～0.12 mm/r 等。进给量的调整可通过对照车床进给量表扳动手柄位置来实现，具体方法与调整主轴转速的方法类似。

4. 粗车和精车

粗车的目的是尽快地切去多余的金属层，使工件接近于最后的形状和尺寸。粗车后应留下 0.5～1 mm 的加工余量。

精车是切去余下的少量金属层以获得零件图样所求的精度和表面粗糙度，因此背吃刀量较小，约 0.1～0.2 mm；切削速度则可用较高速或较低速，初学者可用较低速。为了降低工件表面粗糙度，用于精车的车刀的前、后刀面应采用油石加机油磨光，有时将刀尖磨成一个小圆弧。

为了保证加工的尺寸精度，应采用试切法车削。如图 2-12 所示，试切法的步骤如下。

(1) 开车对刀，使车刀和工件表面轻微接触，如图 2-12(a)所示。

(2) 向右退出车刀，如图 2-12(b)所示。

(3) 按要求横向进给背吃刀量 a_{p1}，如图 2-12(c)所示。

(4) 试切 1～3 mm，如图 2-12(d)所示。

(5) 向右退出，停车，测量，如图 2-12(e)所示。

(6) 调整切深至背吃刀量 a_{p2} 后，自动进给车削外圆，如图 2-12(f)所示。

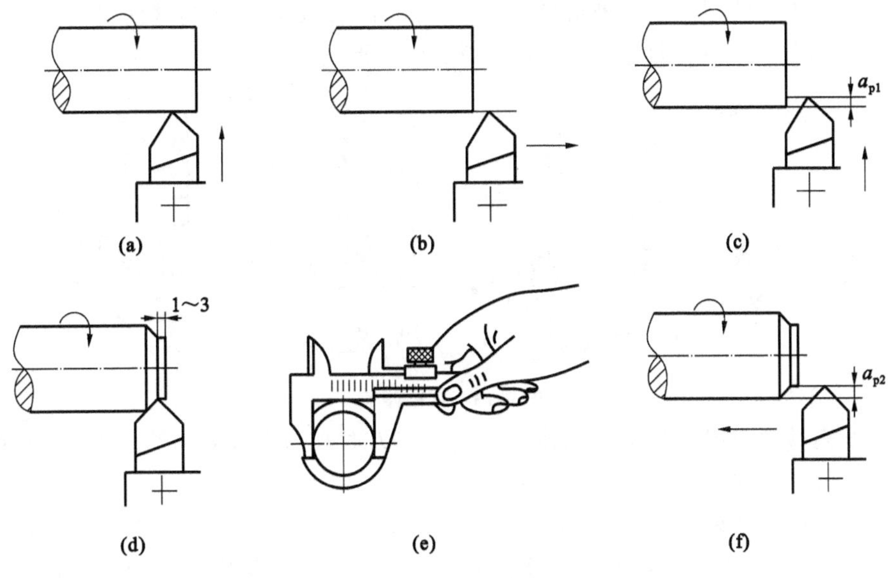

图 2-12　试切步骤

5. 刻度盘的使应用

车削工件时，可以利用中滑板上的刻度盘准确迅速地控制背吃刀量。中滑板刻度盘安装在中滑板丝杠上。摇动中滑板手柄带动刻度盘转一周，中滑板丝杠也转一周。这时，固定在中滑板上与丝杠配合的螺母沿丝杠轴线方向移动了一个螺距。因此，安装在中滑板上的刀架也移动了一个螺距。如果中滑板丝杠螺距为 4 mm，手柄转一周，刀架就横向移动 4 mm。若刻度盘圆周上等分 200 格，则当刻度盘转过一格时，刀架就移动了 0.02 mm。

使用中滑板刻度盘控制背吃刀量时应注意以下事项。

(1) 由于丝杠和螺母之间有间隙存在，因此会产生空行程(即刻度盘转动，而刀架并未移动)。使用时必须慢慢地把刻度盘转到所需要的位置。若不慎多转过几格，不能简单地退回几格，必须向相反方向退回全部空行程，再转到所需位置。

(2) 由于工件是旋转的，使用中滑板刻度盘时，车刀横向进给后的切除量刚好是背吃刀量的 2 倍。因此要注意：在测得工件外圆余量后，中滑板刻度盘控制的背吃刀量是外圆余量的 1/2，而小滑板的刻度值则直接表示工件长度方向的切除量。

6. 纵向进给

纵向进给到所需长度时，退出车刀，然后停车，检验。

为了确保外圆的车削长度，通常先采用刻线痕法、后采用测量法进行，即在车削前根据需要的长度，用钢直尺、样板及车刀刀尖在工件的表面刻一条线痕，然后根据线痕进行车削，车削完毕后再用钢直尺或其他工具复测。

（二）车削端面

端面车削主要用于回转体工件如轴、套、盘等端面的加工。车削端面是由车刀在旋转工件的端部横向进给形成一个平面的加工方法。车削端面可由工件外向中心或由工件中心向外进给车削，如图 2-13 所示。

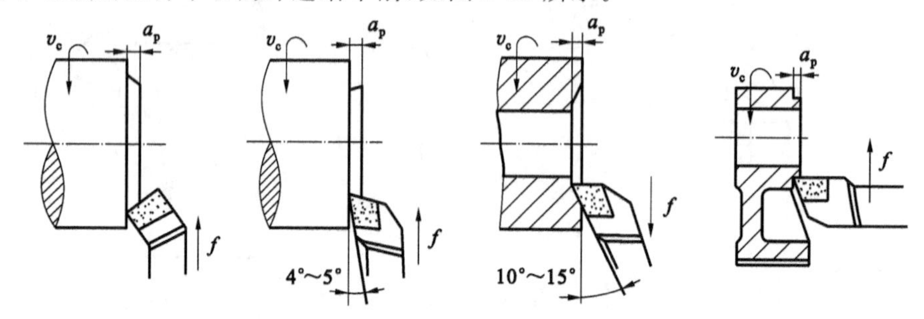

图 2-13　车削端面

车削端面常用弯头车刀和偏刀。安装车刀时车刀高度要对准工件中心，以免车出的端面中心留有凸台。

工件可以装夹在卡盘、花盘上，或安装在顶尖之间。如果工件两个端面都需要车削，则必须在加工完第一个端面后调头车削另一个端面。工件装夹在卡盘上时，工件伸出卡盘不能太长。

车削端面时的切削速度应当根据被加工端面的直径来确定。车削时，由于切削速度由外向中心会逐渐减小，这将影响加工表面质量，因此工件的转速要选高些。同时在车削端面的过程中，切削力往往会迫使刀具离开工件，为防止由于刀具的少量移动而加工出不平的表面，必须把床鞍紧固到车床床身上。

车削时，开动车床使工件旋转，移动小滑板或床鞍控制背吃刀量，然后锁紧床鞍，摇动横滑板丝杠进给，由工件外向中心或由工件中心向外车削。

（三）车削台阶

车削台阶实际上是车削端面和车削外圆的组合加工。车削台阶时，需兼顾外圆的尺寸精度和台阶的长度要求。

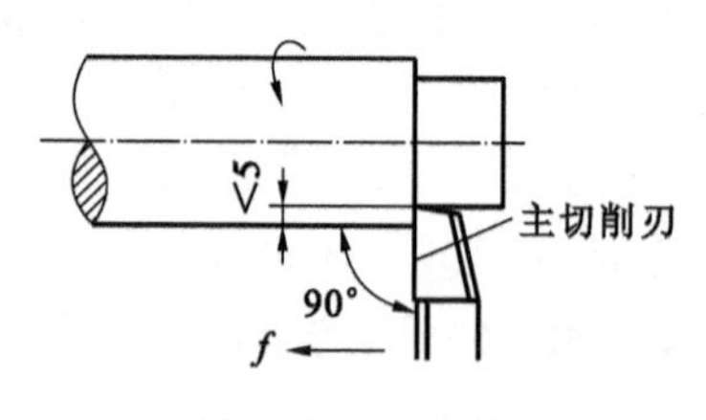

图 2-14　车台阶

台阶的长度可用卡钳、金属直尺和游标卡尺确定。车削台阶时常用主偏角$\kappa_r \geqslant 90°$的偏刀车削，在车削外圆的同时车削出台阶面。台阶高度小于 5 mm 时，可一次走刀切出；台阶高度大于5 mm时，可用分层法多次走刀后再横向切出，如图 2-14 所示。

车削时，先用刀尖车削出比台阶长度略短的刻痕作为加工界限，台阶的长度可用游标卡尺或游标深度卡尺测量。

要求较低的台阶长度可直接用床鞍刻度盘来控制；长度较短、要求较高的台阶可用小滑板刻度盘控制其长度。

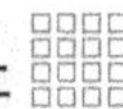

三、任务分析

(1) 看懂零件图(见图 2-15),明确零件加工要求。

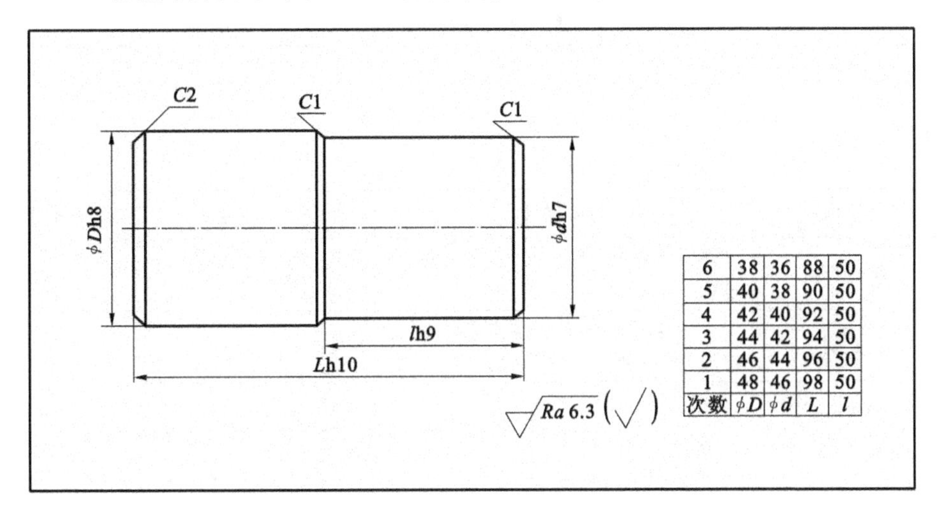

次数	ϕD	ϕd	L	l
6	38	36	88	50
5	40	38	90	50
4	42	40	92	50
3	44	42	94	50
2	46	44	96	50
1	48	46	98	50

图 2-15　零件图

(2) 确定加工工艺过程。

① 粗车、半精车 ϕDh8 端面、外圆,留工序余量。

② 调头装夹,粗车、半精车 ϕdh7 端面、外圆,留工序余量,精车 ϕdh7 端面、外圆、倒角至尺寸要求。

③ 调头装夹,精车 ϕDh8 端面、外圆、倒角至尺寸要求。

④ 重复以上操作步骤。

四、任务准备

车床、毛坯、外圆车刀、端面车刀、游标卡尺。

五、任务实施

(1) 根据零件图及前述加工过程实施加工任务。

(2) 台阶平面和外圆相交处要清角,车刀要有明显的刀尖。

(3) 长度尺寸的测量应从一个基面量起,以防产生累加误差。

(4) 使用游标卡尺测量零件时,松紧程度要适当;车床未停稳,不能测量工件。

(5) 转动刀架时,应防止车刀与零件、卡盘相撞。

(6) 清除铁屑时,要先停车,不能用手拿取铁屑。

(7) 戴好防护眼镜。

六、质量检查

按零件图要求进行质量检查。

七、任务评价

根据表 2-2 进行任务评价。

表 2-2　任务评价表

学习小结：

考核内容	考核要求	分值	学生自评	教师评分
学习态度	遵守学习纪律，不迟到，不早退，学习认真	15		
安全文明生产	正确执行安全文明操作规程，场地整洁，工件和工具摆放整齐	15		
外圆 ϕD 公差	h8	15		
外圆 ϕd 公差	h7	15		
长度 L 公差	h10	10		
长度 l 公差	h9	10		
倒角	$C2$（1 处），$C1$（2 处）	5		
表面粗糙度（Ra）	6.3 μm	15		
合计		100		

教师寄语：

任务三　车削内孔

一、任务目标

（1）掌握内孔车刀的正确安装方法。

（2）掌握孔的车削方法。

（3）掌握套类零件的加工工艺。

二、背景知识

车床上经常用麻花钻与内孔车刀进行工件内孔的加工。

用麻花钻钻的孔，其尺寸精度与表面粗糙度都很难达到要求。在车床上进行孔加工时，常常先使用比孔径小 2 mm 左右的钻头进行钻孔，然后再用内孔车刀对孔进行车削加工。

在车床上对工件的孔进行车削的方法称为车孔。车孔可以进行粗加工，也可以进行精加工。车孔分为车削通孔和车削不通孔等两类，如图 2-16 所示。车孔基本上与车削外圆相同，只是进刀和退刀方向相反。粗车和精车内孔时也要进行试切和试测，其方法与车削外圆的相同。

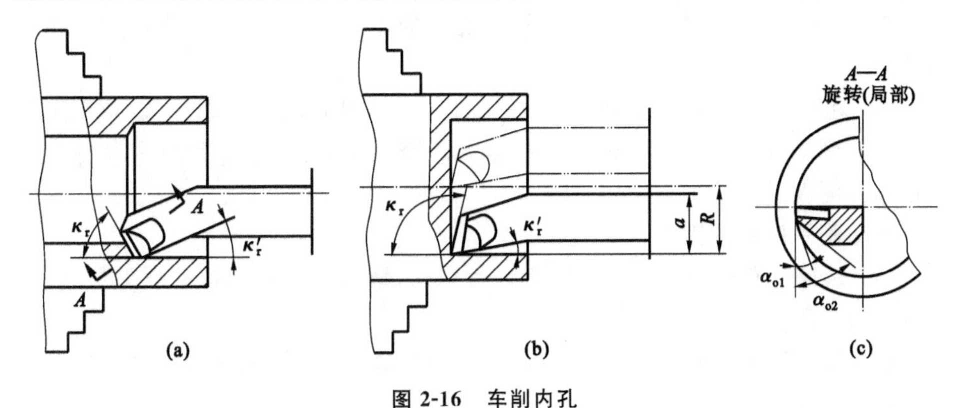

图 2-16　车削内孔

（一）内孔车刀的安装

(1) 安装内孔车刀时，刀尖应对准工件中心或略高一些，这样可以避免车刀受到切削压力弯曲产生扎刀现象，从而把孔车大。

(2) 内孔车刀的刀杆应与工件轴心平行，否则车削到一定深度后，刀杆后半部分可能会与工件孔壁相碰。

(3) 为了增加车刀刚度，防止振动，刀杆伸出长度应尽可能短一些，一般比工件孔深长 5～10 mm。

(4) 为了确保车孔安全，通常在车孔前把车刀在孔内试走一遍，这样才能保证车孔顺利进行。

(5) 加工台阶孔时，主切削刃应和端面成 3°～5°的夹角；在车削内端面时，要求横向有足够的退刀余地。

（二）孔的车削方法

1. 车削直孔

车削直孔基本上与车削外圆相同，只是进刀和退刀方向相反。粗车和精车内孔时也要进行试切和试测，其试切方法与试切外圆的相同，即根据径向余量的一半横向进给，当车刀纵向切削至 2 mm 左右时纵向快速退出车刀(横向不动)，然后停车试测。反复进行，直至符合孔径精度要求为止。

2. 车削台阶孔

(1) 车削直径较小的台阶孔时，由于直接观察困难，尺寸精度不易掌握，所以通常采用先粗车、精车小孔，再粗车、精车大孔的方法进行加工。

(2) 车削直径较大的台阶孔时，在视线不受影响的情况下，通常先粗车大孔和小孔，再精车大孔和小孔。

(3) 车削孔径大小相差悬殊的台阶孔时，最好采用主偏角小于 90°(一般为 85°～88°)的车刀先进行粗车，然后用内偏刀精车至图样尺寸。因为直接用内偏刀车削，进刀深度不可太深，否则刀尖容易损坏。其原因是，刀尖处于切削刃的最前沿，切削时刀尖先切入工件，因此其受力最大，加上刀尖本身强度低，所以容易碎裂。此外，由于刀杆细长，在纯轴向抗力的作用下，进刀深了容易产生振动和扎刀。

(4) 粗车时通常采用在刀杆上刻线痕作记号，或安放限位铜片，以及用床鞍刻度盘的刻线等来控制孔的深度。精车时还需用钢直尺、游标深度卡尺等量具复量车孔深度。

3. 车削平底孔的方法

(1) 选择比孔径小 2 mm 的钻头进行钻孔，钻孔深度从麻花钻顶尖量起，并在麻花钻上刻线痕作标记。

(2) 先粗车底平面和粗车孔至成形(留精车余量)，然后再精车内孔及底平面至图样尺寸要求。

(三) 测量孔径量具的使用方法

当孔径精度要求较低时，可以用钢直尺、游标卡尺等测量孔径尺寸；当孔径精度要求较高时，通常用塞规、内径千分尺或内径百分表结合千分尺测量孔径尺寸。

1. 用塞规测量

塞规如图 2-17 所示，由通端、止端和柄组成。通端按孔的最小极限尺寸制成，测量时应塞入孔内。止端按孔的最大极限尺寸制成，测量时不允许插入孔内。若通端可塞入孔内，而止端插不进去，就说明此孔尺寸是在最小极限尺寸与最大极限尺寸之间，是合格的。

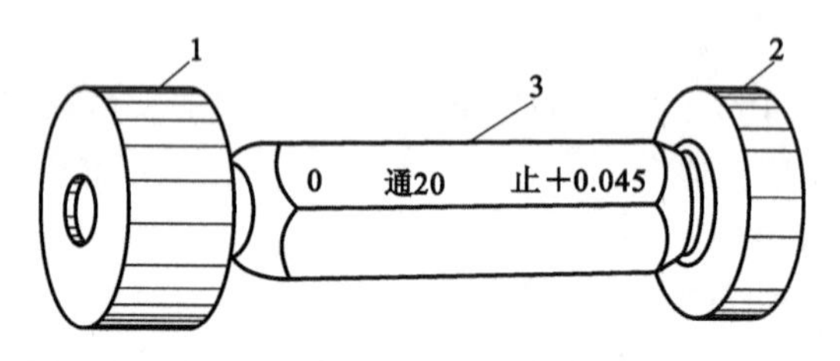

图 2-17　塞规

1—通端；2—止端；3—柄

2. 用内径千分尺测量

这种千分尺刻线方向与外径千分尺的相反，当微分筒顺时针旋转时，活动量爪向左移动，量值增大，如图 2-18 所示。

3. 用内径百分表测量

内径百分表用对比法测量孔径，因此使用时应先根据被测工件的内孔直径，用外径千分尺将内径百分表对准“零”位，然后再进行测量，其测量方法如图 2-19 所示，取最小测量值为孔径的实际尺寸。

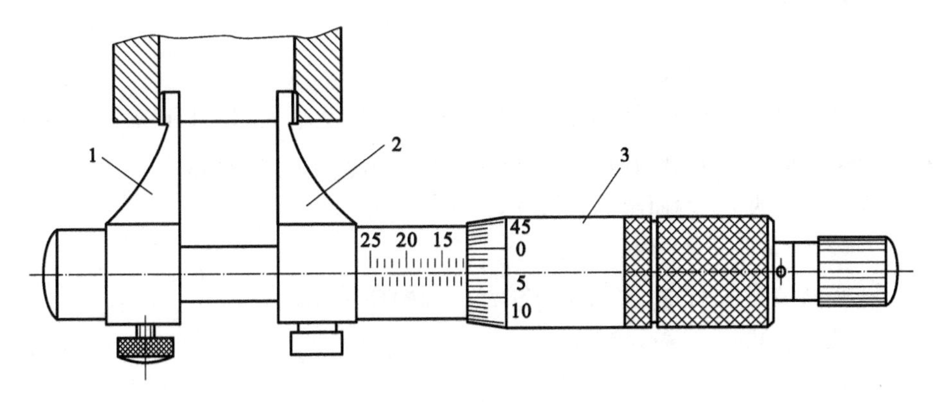

图 2-18　内径千分尺测量

1—固定量爪；2—活动量爪；3—微分筒

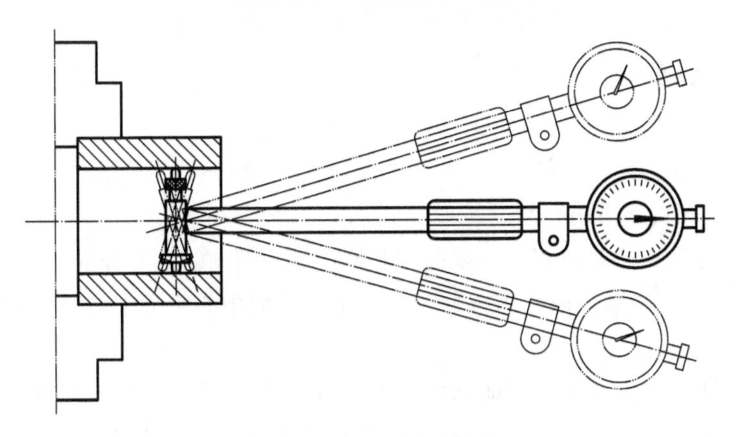

图 2-19　内径百分表测量

三、任务分析

（1）看懂零件图（见图 2-20），明确零件加工要求。

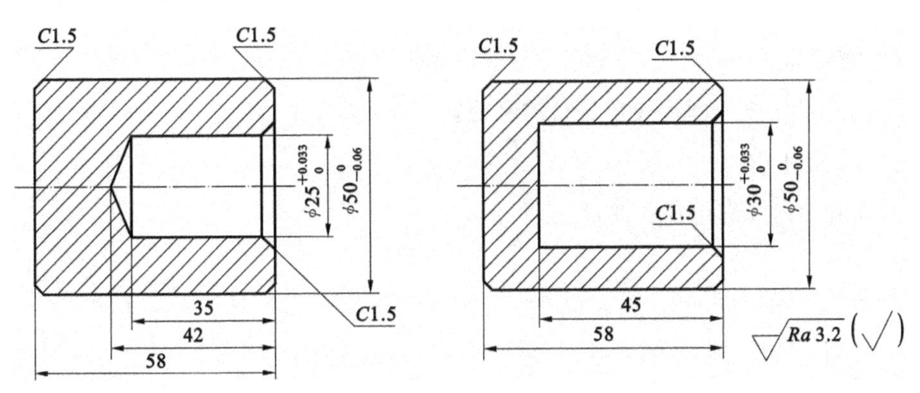

图 2-20　零件图

(2) 确定加工工艺过程。

① 装夹找正，粗车、精车端面，精车外圆，钻中心孔，钻孔 ϕ12 mm，扩孔 ϕ23.5 mm，精车外圆至图样尺寸，车孔 ϕ25 mm 至图样尺寸，倒角。

② 调头装夹，车端面至总长尺寸，倒角。

③ 检测。

④ 重新装夹找正，粗镗、精镗 ϕ30 mm 至图样尺寸。

⑤ 孔口倒角。

⑥ 检测。

四、任务准备

千分尺、内径量表、游标卡尺、内孔车刀、中心钻、麻花钻。

五、任务实施

(1) 根据零件图及前述加工过程实施加工。

(2) 车孔的关键是解决内孔车刀的刚度和排屑问题。增加内孔车刀的刚度主要采取以下几项措施。

① 增加刀杆的截面积。一般的内孔车刀有一个缺点：刀杆的截面积小于孔截面积的 1/4。如果让内孔车刀的刀尖位于刀杆的中心平面上，这样刀杆的截面积就可增大。

② 刀杆的伸出长度尽可能缩短。如刀杆伸出太长会降低刀杆刚度，容易引起振动。因此，刀杆伸出长度只要略大于孔深即可，为此，要求刀杆的伸出长度能根据孔深加以调整。

③ 控制切屑流出方向。精车通孔时，切屑应流向待加工表面(前排屑)；车盲孔时，切屑应从孔口排出(后排屑)。

六、质量检查

用内径量表按图样要求进行质量检查。

七、任务评价

根据表 2-3 进行任务评价。

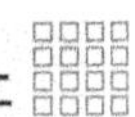

表 2-3　任务评价表

学习小结：

考核内容	考核要求	分值	学生自评	教师评分
学习态度	遵守学习纪律，不迟到，不早退，学习认真	15		
安全文明生产	正确执行安全文明操作规程，场地整洁，工件和工具摆放整齐	15		
外圆公差	$\phi 50_{-0.06}^{0}$ mm	10		
内孔公差	$\phi 30_{0}^{+0.033}$ mm	15		
	$\phi 25_{0}^{+0.033}$ mm	10		
长度尺寸	45 mm	8		
	58 mm	8		
表面粗糙度（*Ra*）	3.2 μm（外圆），6.3 μm（内孔）	10		
倒角	C1.5，3 处	9		
合计		100		

教师寄语：

任务四　车削圆锥面

一、任务目标

（1）掌握转动小滑板车削圆锥面的方法。

（2）会根据工件的锥度计算小滑板的旋转角度。

（3）会使用游标万能角度尺和卡尺检查锥角。

二、背景知识

机械零部件除了采用圆柱体和圆柱孔作为配合表面外，还广泛采用圆锥体和圆锥孔作为配合表面，如车床上的主轴锥孔、顶尖、钻头和铰刀的锥柄等。这是因为圆锥面配合紧密，拆卸方便，而且多次拆卸仍能保持定心精度。

（一）认识圆锥体

1. 圆锥体的参数

1）圆锥表面的形成

与轴线成一定角度，且一端与轴线相交的一条直线段 AB，围绕着该轴线旋转形成的表面，称为圆锥表面（简称圆锥面），斜线 AB 称为圆锥母线，如图 2-21(a)所示。如果将圆锥体的尖端截去，则成为一个截锥体，如图 2-21(b)所示。

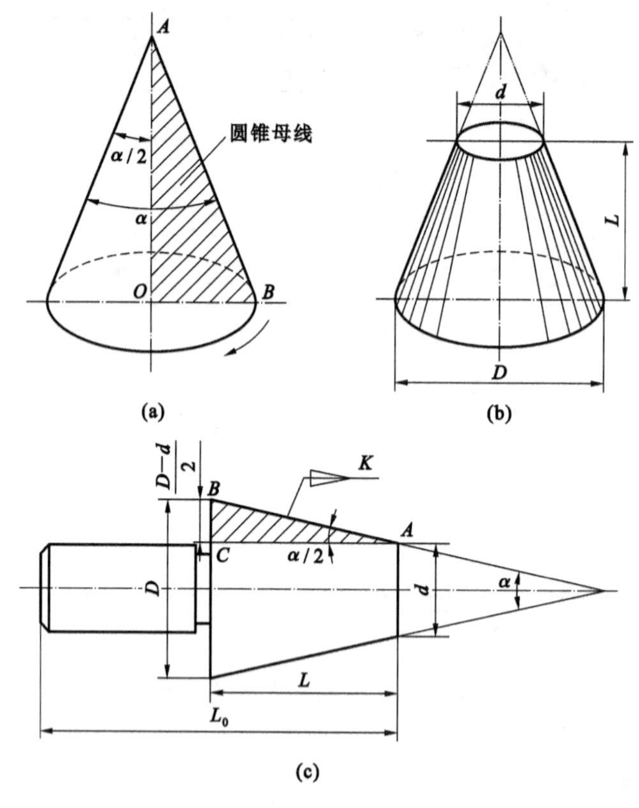

图 2-21　圆锥

圆锥是由圆锥表面与一定尺寸所限定的几何体。圆锥可分为外圆锥和内圆锥两种。通常把外圆锥称为圆锥体，内圆锥称为圆锥孔。

2）圆锥体的计算

图 2-21(c)所示为圆锥各部分的名称和代号，其中：D 为最大圆锥直径（简称大端直径）；d 为最小圆锥直径（简称小端直径）；α 为圆锥角(°)；$\alpha/2$ 为圆锥半角(°)；L 为最大圆锥直径与最小圆锥直径之间的轴向距离；K 为锥度；L_0 为工件全长。

在 D、L、α、d 四个量中，只要知道任意三个量，剩余未知量就可以求出，计算公式为：

$$\tan(\alpha/2)=\frac{D-d}{2L}$$

2. 标准圆锥体

为了降低生产成本和使用方便，常用的工具圆锥、刀具圆锥都已标准化。也就是说，圆锥的各部分尺寸，按照规定的几个号码来制造，使用时只要号码相同，就能紧密配合和互换。标准圆锥已在国际上通用，即不论哪一个国家生产的机床或工具，符合标准的圆锥都能满足互换性要求。

常用的标准工具圆锥有下列两种。

1）莫氏圆锥

莫氏圆锥是机器制造业中应用得最广泛的一种，如车床主轴孔、顶尖、钻头柄、铰刀柄等都应用了莫氏圆锥。莫氏圆锥分成七个号码，即0、1、2、3、4、5、6，最小的是0号，最大的是6号。莫氏圆锥是从英制圆锥换算过来的。当号数不同时，圆锥半角也不同。

2）米制圆锥

米制圆锥有八个号码，即4、6、80、100、120、140、160和200。它的号码是指大端的直径，锥度固定不变，即 $K=1:20$。例如100号米制圆锥，它的大端直径是100 mm，锥度 $K=1:20$。米制圆锥的优点是锥度不变、记忆方便。

与加工其型面相比，加工圆锥体时，不仅要保证圆锥体的尺寸精度、表面粗糙度，而且还需要保证其角度和锥度的要求。

（二）车削圆锥面

1）转动小滑板法

将小滑板转动一个圆锥半角，使车刀移动的方向和圆锥素线的方向平行，即可车削出所需要的圆锥面，如图2-22所示。转动小滑板法车削圆锥面的操作简单，可加工任意锥度的内、外圆锥面。但加工长度受小滑板行程限制。另外需要手动进给，劳动强度大，工件表面质量不高。

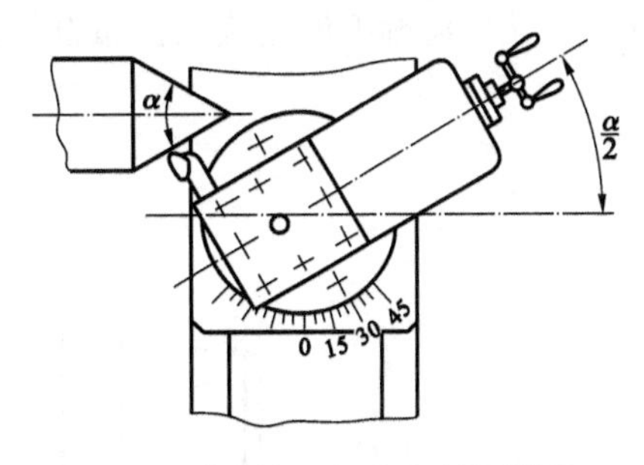

图2-22 转动小刀架法车削圆锥面

2）偏移尾座法

锥度较小而圆锥长度较长的工件应选用偏移尾座法来车削加工，如图2-23所示。车削时将工件装夹在两顶尖之间，把尾座横向偏移一段距离 S，使工件旋转轴线与车刀纵向进给方向相交成一个圆锥半角，即可车削出外圆锥。采用偏移尾座法车削外圆锥时，尾座的偏移量不仅与圆锥长度有关，而且还和两顶尖之间的距离（工件长度）有关。

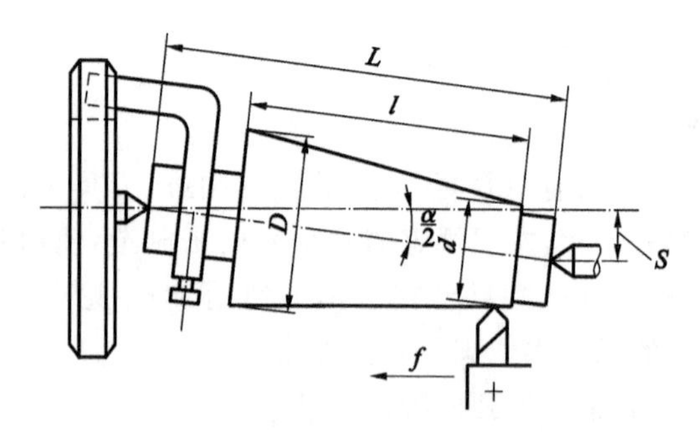

图 2-23　偏移尾座法车削圆锥面

3）仿形法

仿形法（又称靠模法）是刀具按仿形装置（靠模）进给车削外圆锥的方法。

4）宽刃刀切削法

较短的圆锥面也可以用宽刃刀直接车出。宽刃刀的切削刃必须平直，切削刃与主轴轴线的夹角应等于工件圆锥半角。使用宽刃刀车削圆锥面时，车床必须具有足够的刚度，否则容易引起振动。当工件的圆锥素线长度大于切削刃长度时，也可以用多次接刀的方法加工，但接刀处必须平整。

（三）测量圆锥体的方法

测量圆锥体时，不仅要测量它的尺寸精度，还要测量它的角度（锥度）。

1. 游标万能角度尺法

使用游标万能角度尺测量圆锥体的方法如图 2-24 所示。

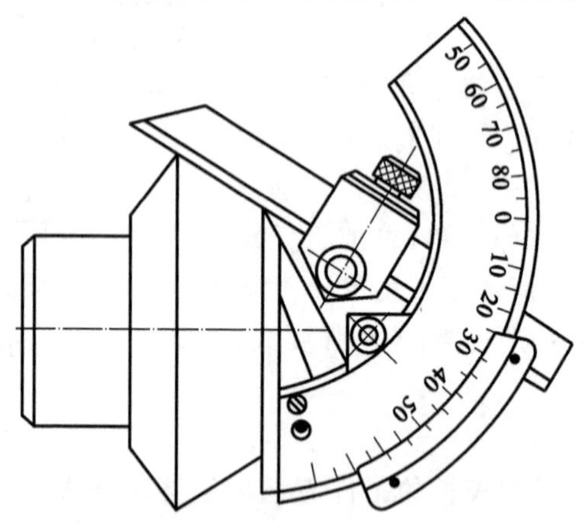

图 2-24　使用游标万能角度尺测量圆锥体

使用时要注意如下问题。

（1）按工件所要求的角度调整好游标万能角度尺的测量范围。

（2）工件表面要清洁。

（3）测量时，游标万能角度尺面应通过中心，并且一个面要跟工件测量基准面吻合。

(4) 读数时，应该固定螺钉，然后离开工件，以免角度值变动。

2. 角度样板法

在成批和大量生产时，可用专用的角度样板来测量工件，如图 2-25 所示。

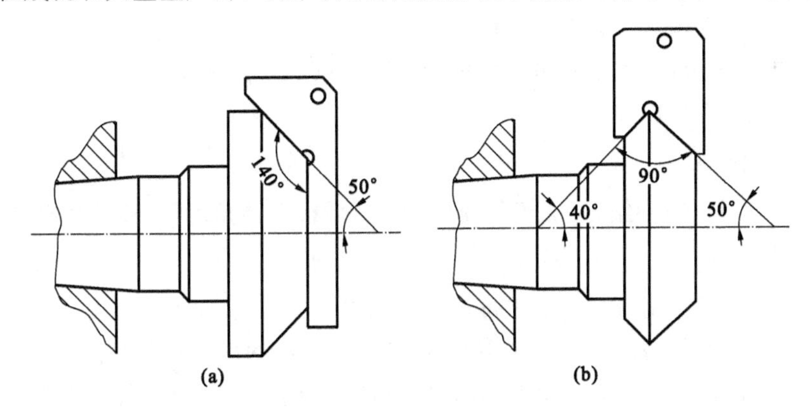

图 2-25　使用角度样板测量

3. 圆锥量规法

在测量标准圆锥或配合精度要求较高的圆锥体工件时，可使用圆锥量规来测量，圆锥量规又分为圆锥塞规和圆锥套规等两种。

用圆锥塞规测量内圆锥时，先在塞规表面上顺着锥体素线用显示剂均匀地涂上三条线(相隔约 120°)，然后把塞规放入内圆锥中转动约 30°，观察显示剂擦去情况。如果接触部位很均匀，说明锥面接触情况良好，锥度正确。假如小端上的显示剂被擦去，大端上的没被擦去，说明圆锥角大了，反之，就说明圆锥角小了。

测量外圆锥用圆锥套规，方法跟上述的相同，但是显示剂应涂在工件上。

三、任务分析

(1) 看懂零件图(见图 2-26)，明确零件加工要求。

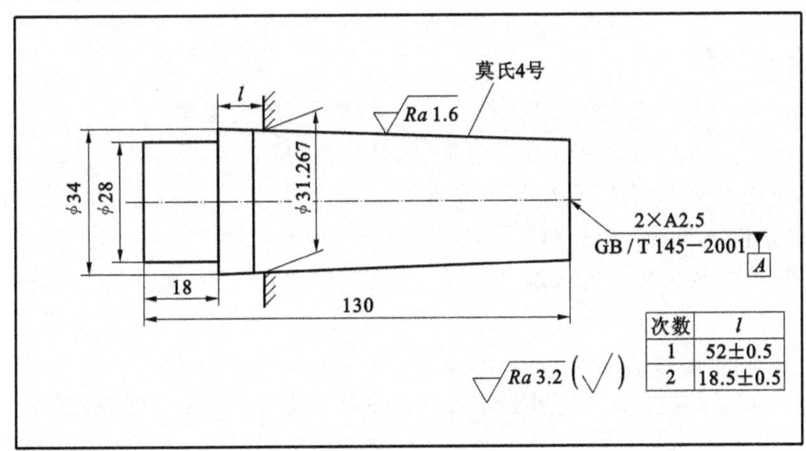

次数	l
1	52±0.5
2	18.5±0.5

图 2-26　车削加工零件图

(2) 确定加工工艺过程。

① 车削两端面,保证总长,钻中心孔。

② 在两顶尖上安装工件,车削外圆。

③ 调头,在两顶尖上安装工件。

④ 粗车圆锥体,测量圆锥体的锥度,并注意调整,使锥度符合要求。

⑤ 重复练习以上步骤。

四、任务准备

车床、毛坯、中心钻、外圆车刀、游标卡尺、游标万能角度尺、圆锥套规等。

五、任务实施

(1) 根据零件图及前述加工过程实施加工。

(2) 车刀必须对准工件旋转中心,避免产生双曲线(母线不直)误差。

(3) 车削圆锥体前,一般圆柱体按圆锥体大端直径留 1 mm 左右余量。

(4) 应两手握小滑板手柄,均匀移动小滑板。

(5) 车削圆锥体时,进刀量不宜过大,应先找正锥度,以防车小使工件报废。精车余量为 0.5 mm。

(6) 用游标万能角度尺检查锥度时,测量边应通过工件中心。用圆锥套规检查时,工件表面粗糙度要小,涂色要均匀,转动一般在半周之内,过多则易造成误判。

(7) 转动小滑板时,转角应稍大于圆锥半角,然后逐步找正。调整时,只需把紧固的螺母稍松一些,用左手拇指紧贴在小滑板转盘与中滑板底盘上,用铜棒轻轻敲小滑板所需找正的方向,凭手指的感觉决定微调量,这样可较快找正锥度。在操作中注意消除中滑板间隙。

(8) 当车刀在加工中途刃磨以后装夹时,必须重新调整车刀位置,使刀尖严格对准中心。

(9) 注意防止拧紧固螺钉时打滑伤手。

六、质量检查

(一) 用游标万能角度尺检查(适用于精度不高的圆锥面)

根据工件角度调整游标万能角度尺的安装位置,游标万能角度尺的基尺与工件端面通过中心靠平,直尺与圆锥母线接触,利用透光法检查,人视线与检测线等高,在检测线后方衬一白纸以增加透视效果,若合格即为一条均匀的白色光线。若检测线从小端到大端逐渐增宽,则锥度偏小;反之则偏大,需要调整小滑板角度。

(二) 用圆锥套规检查(适用于精度较高的圆锥面)

(1) 可通过感觉来判断圆锥套规与工件大小端直径的配合间隙,调整小滑板角度。

(2) 在工件表面上顺着母线相隔 120°用显示剂均匀地涂上三条线。

(3) 把圆锥套规套在工件上转动半周之内。

(4) 取下圆锥套规，检查工件锥面上显示剂情况。若在圆锥大端的显示剂被擦去，在小端的未被擦去，表明圆锥半角偏小；否则，表明圆锥半角偏大。根据显示剂擦去情况调整锥度小滑板角度。

七、任务评价

根据表 2-4 进行任务评价。

表 2-4　任务评价表

学习小结：

考核内容	考核要求	分值	学生自评	教师评分
学习态度	遵守学习纪律，不迟到，不早退，学习认真	15		
安全文明生产	正确执行安全文明操作规程，场地整洁，工件和工具摆放整齐	15		
锥度	接触面积不小于 60%	20		
锥体长度	精度不低于 IT14	10		
长度(130 mm)	精度不低于 IT14	10		
表面粗糙度(Ra)	1.6 μm	10		
	3.2 μm	5		
其他尺寸	ϕ34、ϕ28、18	15		
合计		100		

教师寄语：

任务五　车削螺纹

一、任务目标

(1) 掌握车削螺纹时车床的调整方法。

(2) 掌握普通管螺纹的车削方法。

(3) 掌握管螺纹的测量方法。

二、背景知识

螺纹件是机器中常用的连接件，将工件表面车削成螺纹的方法称为车削螺纹。

（一）认识螺纹

1. 螺纹的分类

螺纹按用途可分为连接螺纹和传动螺纹等，按牙型可分为管螺纹（即三角形螺纹）、矩形螺纹、圆形螺纹、梯形螺纹和锯齿形螺纹等，按螺旋线方向可分为右旋螺纹和左旋螺纹等，按螺旋线线数可分为单线（单头）螺纹和多线（多头）螺纹等，按母体形状可分为圆柱螺纹和圆锥螺纹等。

2. 螺纹的术语

螺纹是指在圆柱面（或圆锥面）上，沿着螺旋线所形成的，具有相同剖面的连续凸起和沟槽的部分，如图 2-27 所示。

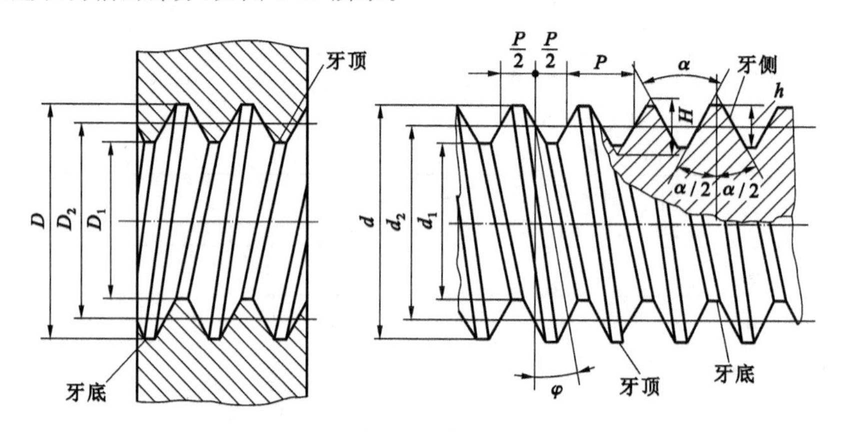

图 2-27　螺纹

常用螺纹术语如下。

(1) 牙型角(α)：在通过螺纹轴线的剖面上，相邻两牙侧间的夹角称为牙型角。大多数螺纹的牙型角对称于轴线垂直线，即牙型半角($\alpha/2$)相等。

(2) 外螺纹大径(d)：亦称外螺纹顶径。

(3) 外螺纹小径(d_1)：亦称外螺纹底径。

(4) 内螺纹大径(D)：亦称内螺纹底径。

(5) 内螺纹小径(D_1)：亦称内螺纹顶径。

(6) 公称直径(d、D)：代表螺纹尺寸的直径。

(7) 中径(d_2、D_2)：一个假想圆柱的直径，该圆柱的母线通过牙型上沟槽和凸起宽度相等的地方，相旋合的外螺纹中径与内螺纹中径相等。

(8) 原始三角形高度(H)：牙型两侧相交而得的尖角的高度。

(9) 基本牙型：截去原始三角形顶部和底部所形成的螺纹牙型，该牙型具有螺纹的基本尺寸。

(10) 牙型高度(h)：在螺纹牙型上牙顶到牙底之间垂直于螺纹轴线的距离。

(11) 螺距(P)：相邻两牙在中径线上对应两点间的轴向距离。

(12) 导程(L)：同一螺旋线上，相邻两牙在中径线上对应两点间的轴向距离。当螺纹为单线时，导程与螺距相等。当螺纹为多线时，导程等于螺旋线线数乘以螺距。

(13) 螺纹升角(φ)：在中径圆柱上，螺旋线的切线与垂直于螺纹轴线的平面间的夹角。

螺纹刀具是一种成形刀具，它的形状将直接决定所加工的螺纹的形状。

(二) 三角形螺纹的车削

1. 挂轮的搭配

主轴的旋转运动是通过三星齿轮和交换齿轮传给丝杠的。由于主轴上的齿轮和三星齿轮的齿数固定不变，所以主轴与丝杠之间的传动比是依靠交换齿轮来调整的。

车床上三星齿轮的作用是改变丝杠的旋转方向，以便车削右旋或左旋螺纹。

车削螺纹时，工件转一周，车刀必须移动一个工件螺距。因为工件螺距是根据加工需要经常改变的，而车床丝杠螺距是固定不变的。这就需要更换交换齿轮，以使车刀移动距离等于所需要的工件螺距。

2. 机床的操作

1) 螺纹车刀的装夹

(1) 装夹车刀时，刀尖位置一般应对准工件中心(可根据尾座顶尖高度检查)。

(2) 车刀刀尖角的对称中心线必须与工件轴线垂直，装刀时可用样板来对刀。车刀装歪，就会使牙型歪斜，如图 2-28 所示。

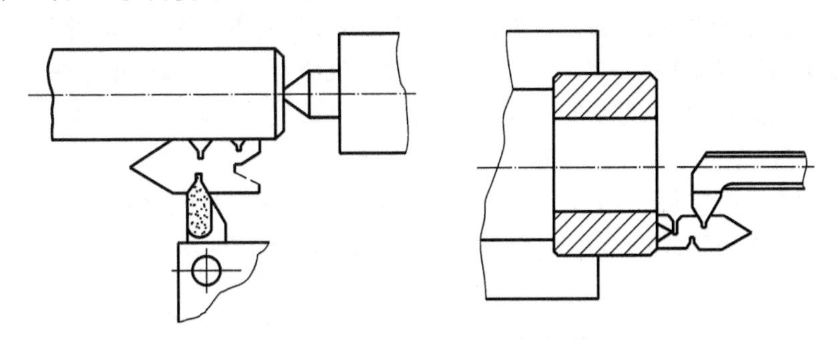

图 2-28 样板对刀

(3) 刀头伸出不要过长，一般为 20～25 mm(约为刀杆厚度的 1.5 倍)。

2) 车削螺纹时车床的调整

(1) 变换手柄位置。

一般根据工件螺距在进给箱铭牌上找到交换齿轮的齿数和手柄位置，并把手柄拨到所需的位置上。

(2) 调整交换齿轮。

对于某些车床，根据其铭牌表所标示的齿轮，需重新调整交换齿轮。其方法如下。

① 切断机床电源，将车头变速手柄放在中间空挡位置。

② 识别有关齿轮、齿数，上、中、下轴。

③ 了解齿轮装拆的程序及单式、复式交换齿轮的组装方法。

④ 在调整交换齿轮时，必须先把齿轮套筒和小轴擦干净，并使其相互间隙稍大些，并涂上润滑油(有油杯的应装满黄油，定期用手旋进)。套筒的长度要小于小轴台阶的长度，否则螺母压紧套筒后，中间轮就不能转动，开车时会损坏齿轮或扇形板。

⑤ 调整交换齿轮啮合间隙的方法是：变动齿轮在交换齿轮架上的位置及交换齿轮架本身的位置，使各齿轮的啮合间隙保持在 0.1～0.15 mm；如果太紧，挂轮在转动时会产生很大的噪声并损坏齿轮。

(3) 调整滑板间隙。

调整中、小滑板镶条时，不能太紧，也不能太松。太紧了，旋转滑板费力，操作不灵活；太松了，车削螺纹时容易产生扎刀现象。可以顺时针方向旋转小滑板手柄，消除小滑板丝杠与螺母的间隙。

3) 车削螺纹的动作练习

(1) 选择主轴转速为 200 r/min，开动车床，将主轴倒转、顺转数次，然后合上开合螺母，检查丝杠与开合螺母的工作情况是否正常；若有跳动和自动抬闸现象，则必须消除。

(2) 练习开合螺母的分合动作，先退刀，后提开合螺母(间隔瞬时)，动作协调。

(3) 试切螺纹，在外圆上根据螺纹长度，用刀尖对准工件，开车并径向进给，使车刀与工件轻微接触，车出一条刻线作为螺纹终止退刀标记，并记住中滑板刻度盘读数，退刀。将床鞍摇至离工件端面 8～10 牙处，径向进给 0.05 mm 左右，调整刻度盘“零”位(以便车削螺纹时掌握切削深度)，合下开合螺母，在工件表面上车出一条有痕螺旋线，到螺纹终止线时迅速退刀，提起开合螺母(注意螺纹收尾在 2/3 圈之内)，用钢直尺或螺距规检查螺距，如图 2-29 所示。

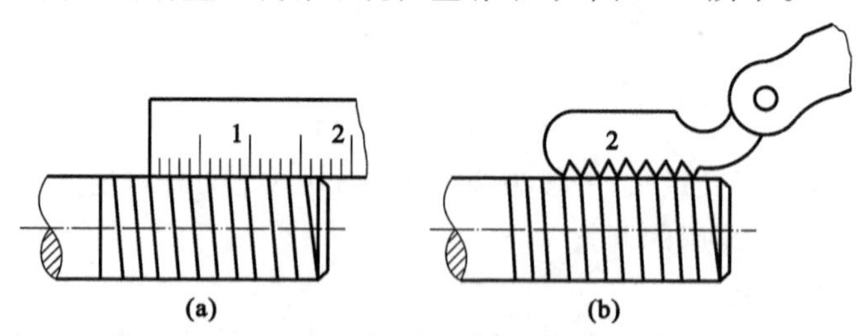

图 2-29　检查螺距

(a) 用钢直尺检查螺距；(b) 用螺距规检查螺距

4) 车削方法

(1) 直进法：如图 2-30(a)所示，车削螺纹时，螺纹车刀刀尖及左、右两侧切削刃都参加切削动作。每次车刀由中滑板做径向进给，随着螺纹深度的加深，切削深度相应减小。这种切削方法操作简单，可以得到比较正确的牙型，适用于车削螺距小于 2 mm 的螺纹和车削脆性材料的螺纹。

（2）左右切削法：如图 2-30（b）所示，车削过程中，除了中滑板做垂直进给外，同时使用小滑板使车刀做左右微量进给，这样重复切削几次，直至螺纹全部车好为止。

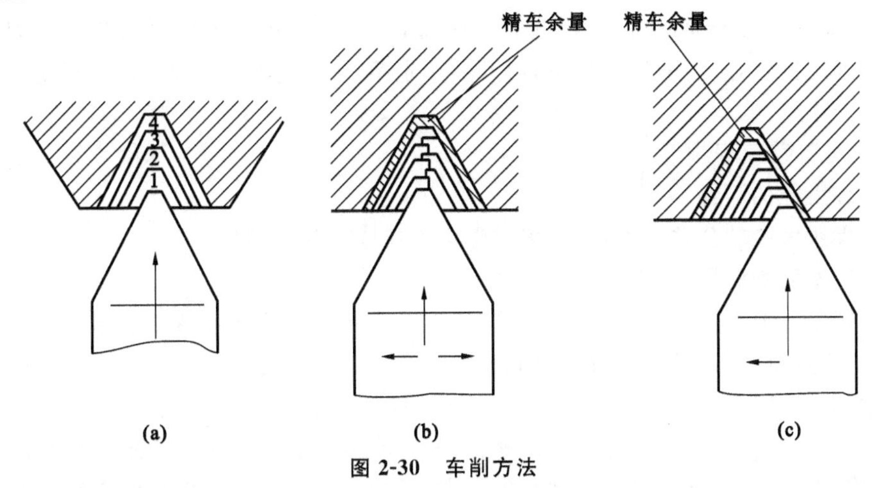

图 2-30 车削方法

（a）直进法；（b）左右切削法；（c）斜进法

（3）斜进法：如图 2-30（c）所示，在粗车螺纹时，为了操作方便，除了中滑板进给外，小滑板还要向同一方向做微量进给。

（4）高速切削法：车削时只能采用直进法进给，采用左右切削法或斜进法会将工件的另一侧拉毛。高速切削时的切削速度一般取 50～100 m/min。高速切削时使用的硬质合金螺纹车刀如图 2-31 所示。

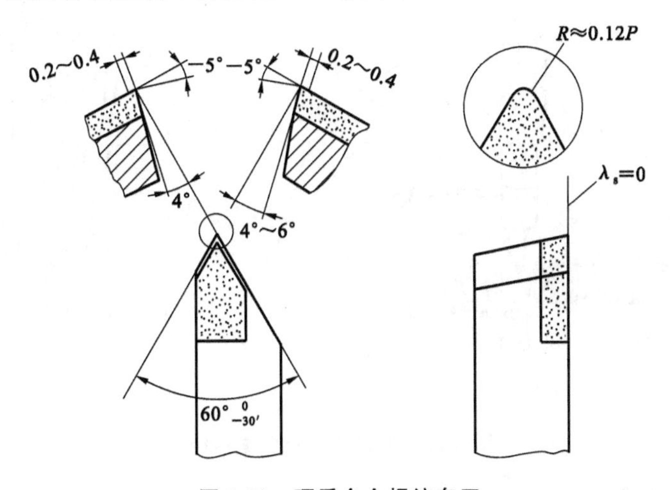

图 2-31 硬质合金螺纹车刀

5）乱扣及其避免方法

在第一次进刀完毕以后，车第二次按下开合螺母时，车刀刀尖已不在第一刀的螺旋槽里，而是偏左或偏右，结果把螺纹车乱而报废，这就称为乱扣。乱扣是由于丝杠转过一转时，工件未转过整数转而造成的。因此在加工前，应首先确定被加工螺纹的螺距是否乱扣，如果是乱扣，应采用开倒顺车法消除，即每车一刀后，立即将车刀径向退出，不提起开合螺母，开倒车使车刀纵向退回到第一刀开始切削的位置，然后中滑板进给，再开顺车走第二刀，这样反复来回，直至把螺纹车好为止。

（三）螺纹的测量

1. 大径的测量

螺纹大径的公差较大，一般可用游标卡尺或千分尺测量。

2. 螺距的测量

螺距一般可用钢直尺测量，如图 2-29(a)所示。因为普通螺纹的螺距一般较小，在测量时，最好量 10 个螺距的长度，然后把长度除以 10，就得出一个螺距的尺寸。如果螺距较大，那么可以量 2～4 个螺距的长度。细牙螺纹的螺距较小，用钢直尺测量比较困难，这时可用螺距规来测量，如图 2-29(b)所示。测量时将钢片在平行轴线方向嵌入牙型中，如果完全符合，则说明被测的螺距是正确的。

3. 中径的测量

精度较高的管螺纹，可用螺纹千分尺测量(见图 2-32)，所测得的千分尺读数就是该螺纹中径的实际尺寸。

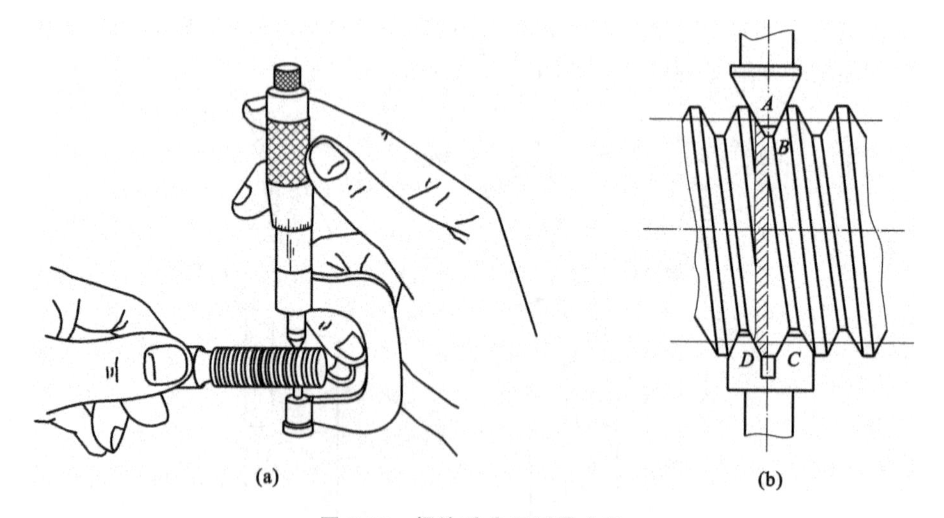

图 2-32 螺纹千分尺测量中径

4. 综合测量

可用螺纹环规综合检查外管螺纹。首先应对螺纹的直径、螺距、牙型和表面粗糙度进行检查，然后用螺纹环规测量外螺纹的尺寸精度。如果螺纹环规通端正好可以拧进去，而止端拧不进去，说明螺纹精度符合要求。对于精度要求不高的螺纹，也可用标准螺母检查(生产中常用)，以拧上工件时是否顺利和松动的感觉来确定螺纹精度。检查有退刀槽的螺纹时，螺纹环规应通过退刀槽与台阶平面靠平。

螺纹塞规则是用来对内管螺纹进行综合测量的量具。使用方法和螺纹环规的相同。

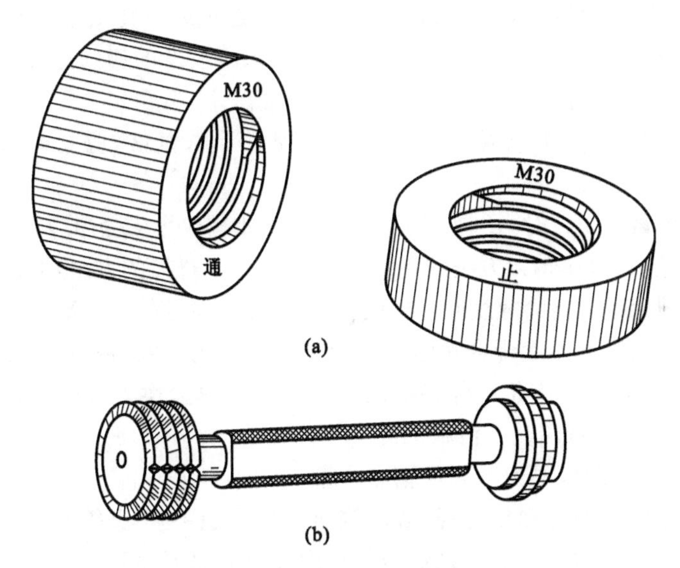

图 2-33　螺纹环规与螺纹塞规

(a) 螺纹环规；(b) 螺纹塞规

三、任务分析

(1) 看懂零件图(见图 2-34)，明确零件加工要求。

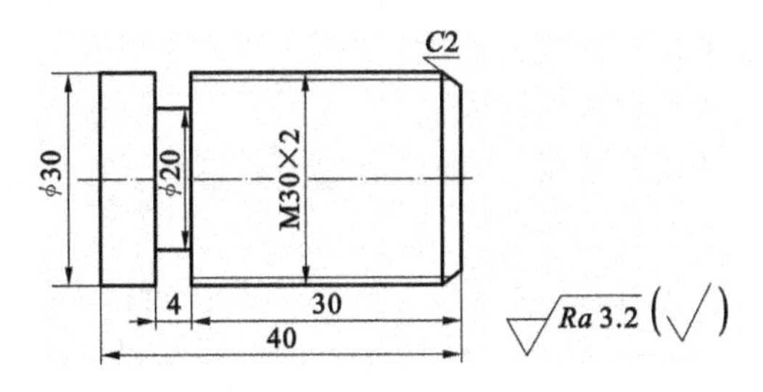

图 2-34　车削加工零件图

(2) 确定加工工艺过程。

① 根据零件图确定工件的装夹方式。

② 车削 M30 螺纹大径。

③ 切削 4 mm×ϕ20 mm 槽。

④ 车削 M30 螺纹。

四、任务准备

车床、车刀、螺纹车刀、螺纹环规等。

五、任务实施

车削外管螺纹时应注意的事项如下。

(1) 车削螺纹前要检查组装交换齿轮的间隙是否适当。把主轴变速手柄放在空挡位置,用手旋转主轴(正、反),检查是否有过重或空转量过大现象。

(2) 初学车削螺纹时,操作不熟练,一般宜采用较低的切削速度,在练习操作过程中要集中注意力。

(3) 车削螺纹时,开合螺母必须闸到位,如感到未闸好,应立即起闸,重新进行。

(4) 车削铸铁螺纹时,径向进刀不宜太大,否则螺纹牙尖会爆裂,造成废品。在最后几刀车削时,可用趟刀方法(即径向少进刀甚至不进刀的方法)把螺纹车光。

(5) 车削无退刀槽的螺纹时,要特别注意将螺纹收尾在 1/2 圈左右。要达到这个要求,必须先退刀,后起开合螺母;且每次退刀要均匀一致,否则会撞掉刀尖。

(6) 车削螺纹时,应始终保持切削刃锋利。如中途换刀或磨刀,必须重新对刀,以防破牙,并重新调整中滑板刻度。

(7) 粗车螺纹时,要留适当的精车余量。

(8) 车削时应防止螺纹小径不清、侧面不光、牙型线不直等不良现象出现。

(9) 车削塑性材料(钢件)螺纹容易产生扎刀的原因如下。

① 车刀装夹低于工件轴线或车刀伸出太长。

② 车刀前角或后角太大,产生径向切削力把车刀拉向切削表面,造成扎刀。

③ 采用直进法时进给量较大,使刀具与工件接触面积大,排屑困难,造成扎刀。

④ 精车时由于采用润滑较差的乳化液,刀尖磨损严重,产生扎刀。

⑤ 主轴轴承及滑板和床鞍的间隙太大。

⑥ 开合螺母间隙太大或丝杠轴向窜动。

(10) 使用螺纹环规检查时,不能用力过大或用扳手强拧,以免使螺纹环规严重磨损或使工件发生移位。

(11) 调整交换齿轮时,必须切断电源,停车后进行。交换齿轮装好后要装上防护罩。

(12) 车削螺纹是按螺距纵向进给的,因此进给速度快。退刀和起开合螺母(或倒车)必须及时、动作协调,否则会使车刀与工件台阶或卡盘撞击而发生事故。

(13) 开车时,不能用棉纱擦工件,否则会使棉纱卷入工件,甚至把手指也一起卷入而造成事故。

六、质量检查

用螺纹环规综合检查外管螺纹。

七、任务评价

根据表 2-5 进行任务评价。

表 2-5　任务评价表

学习小结：

考核内容	考核要求	分值	学生自评	教师评分
学习态度	遵守学习纪律，不迟到，不早退，学习认真	15		
安全文明生产	正确执行安全文明操作规程，场地整洁，工件和工具摆放整齐	15		
外圆尺寸	ϕ30 mm	10		
切槽	ϕ20 mm×4 mm	10		
长度尺寸	30 mm	8		
	40 mm	8		
螺纹(M30×2)	合格	25		
倒角	$C2$	3		
表面粗糙度(Ra)	3.2 μm	6		
合计		100		

教师寄语：

任务六　车削综合训练

一、任务目标

(1) 根据零件加工的需要，熟练掌握工具、夹具、量具和车床设备的使用方法。

(2) 能合理使用精密量具。

(3) 掌握复合零件的加工技能。

二、背景知识

(一) 轴类零件的加工

1. 轴类零件的特点

轴类零件是各类机器中最常见的零件之一。轴类零件一般由圆柱表面、退刀槽、倒角和圆角组成。圆柱表面一般用于支承传动零件和传递转矩。台阶和端面一般用来确定安装在轴上零件的轴向位置。退刀槽的作用是磨削外圆或车螺纹时使退刀方便,并可使零件在装配时有一个正确的轴向位置。倒角的作用一方面是防止工件边缘锋利划伤工人,另一方面是便于在轴上安装其他零件,如齿轮、轴套等。圆角的作用是提高轴的强度,使轴在受交变应力作用时集中应力较小。

2. 轴类工件的技术要求

轴类工件的主要技术要求如下。

(1) 尺寸精度:主要包括直径尺寸精度和长度尺寸精度等。

(2) 几何精度:包括圆度、圆柱度、直线度、平面度、同轴度、平行度、垂直度、径向圆跳动和轴向圆跳动等。

(3) 表面粗糙度:在卧式车床上车削金属材料时,表面粗糙度 Ra 值可达 1.6～0.8 μm。

(4) 热处理:根据工件的材料和实际需要,轴类工件常要进行退火、正火、调质、淬火、渗氮等热处理。

3. 选择车削步骤的原则

车削轴类工件时,如果毛坯余量大且不均匀,或精度要求较高,应将粗车和精车分开进行。另外,根据工件的不同形状特点、技术要求、数量多少和装夹方法,轴类工件的车削步骤一般考虑以下几个方面。

(1) 用两顶尖装夹车削轴类工件时,至少要装夹 3 次,即粗车一端,然后再粗车和精车另一端,最后精车之前的一端。

(2) 车削短小的工件时,一般先车削一端面,这样便于确定长度方向的尺寸。车削铸锻件时,最好先适当倒角后再车削,这样刀尖就不易碰到型砂和硬皮,可避免车刀损坏。

(3) 轴类工件的定位基准通常选用中心孔。加工中心孔时,应先车端面后钻中心孔,以保证中心孔的加工精度。

(4) 车削台阶轴时,应先车削直径较大的一端,以避免过早地降低工件刚度。

(5) 在轴上切槽一般安排在粗车或半精车之后、精车之前进行。如果工件刚度要求高或精度要求不高,也可在精车之后再切槽。

(6) 车削螺纹一般安排在半精车之后进行,待螺纹车削好后再精车各外圆,这样可以避免车削螺纹时轴发生弯曲而影响轴的精度。若工件精度要求不高,则可安排最后车削螺纹。

(7) 工件车削后还需磨削时,只需对工件粗车或半精车,并注意留磨削余量。

(二) 套类工件的加工

在机械加工中,一般把轴套、衬套等工件称为套类工件。

套类工件一般由外圆、内孔、端面、台阶和内沟槽等结构要素组成,其主要特点是,内外圆柱面和相关端面间的形状精度、位置精度要求较高。

1. 套类工件的技术要求

套类工件起支承或导向作用的主要表面为内孔和外圆，其主要技术要求如下。

(1) 内孔：内孔是套类工件的最主要表面，孔径公差等级一般为 IT7～IT8；孔的几何公差应控制在孔径公差以内。对于长套筒，除了圆度要求外，还应注意孔的圆柱度和孔轴线的直线度要求。内孔的表面粗糙度 Ra 值控制在 3.2～0.4 μm。

(2) 外圆：外圆一般是套类工件的支承表面，外径公差等级通常取IT6～IT7，其几何公差控制在外径公差以内，表面粗糙度 Ra 值控制在3.2～0.4 μm。

(3) 几何精度：套类工件的内外圆之间的同轴度要求较高，一般为 0.01～0.05 mm；套类工件的端面在使用中承受轴向负荷或在加工中作为定位基准时，其内孔轴线与端面的垂直度公差一般为 0.01～0.05 mm。

2. 套类工件的工艺分析

1) 主要表面的加工方法

外圆和端面的加工方法与轴类工件的相似。

套类工件的内孔加工方法有：钻孔、扩孔、车孔、铰孔、磨孔、研磨孔及滚压加工。其中钻孔、扩孔和车孔为粗加工和半精加工方法，而铰孔、磨孔、研磨孔、拉孔和滚压加工则为孔的精加工方法。

通常孔的加工方案如下。

(1) 当孔径较小(D<25 mm)时，大多采用钻孔、扩孔、铰孔的方案，其精度和生产率均较高。

(2) 当孔较大(D>25 mm)时，大多采用钻孔后车孔或对已有铸孔、锻孔直接进行车削，并进一步精加工的方案。

(3) 对于箱体上的孔，多采用粗车、精车和浮动镗孔的方案。

(4) 对于淬硬套筒工件，多采用磨孔方案。

2) 套类工件几何公差的保证方法

套类零件是机械零件中精度要求较高的零件之一。因此，在加工时应选择合理的装夹方案。选择装夹方案时，应注意以下几点。

(1) 尽可能在一次装夹中完成车削。

(2) 以外圆为基准保证位置精度。

(3) 以内孔为基准保证位置精度。

3. 正确安排加工顺序

车削各种轴承套、齿轮和带轮等套类工件时，虽然工艺方案各异，但也有共性，现简要说明如下。

(1) 在车削短而小的套类工件时，为了保证内外圆的同轴度公差，最好在一次装夹中把内孔、外圆及端面都加工完毕。

(2) 内沟槽应在半精车之后、精车之前加工，加工时还应注意内孔精车余量对槽深的影响。

(3) 车削精度要求较高的孔时，可考虑以下两种方案。

① 粗车端面——钻孔——粗车孔——半精车孔——车削端面——铰孔。

② 粗车端面——钻孔——粗车孔——半精车孔——精车端面——磨孔。

(4) 加工盲孔时，先用麻花钻钻孔，再用平底钻锪孔，最后用盲孔车刀车孔。

(5) 如果工件以内孔定位车削外圆，则在内孔精车后对端面也应进行一次精车，以保证端面与内孔的垂直度要求。

三、任务分析

(1) 看懂零件图(见图 2-35)，明确零件加工要求。

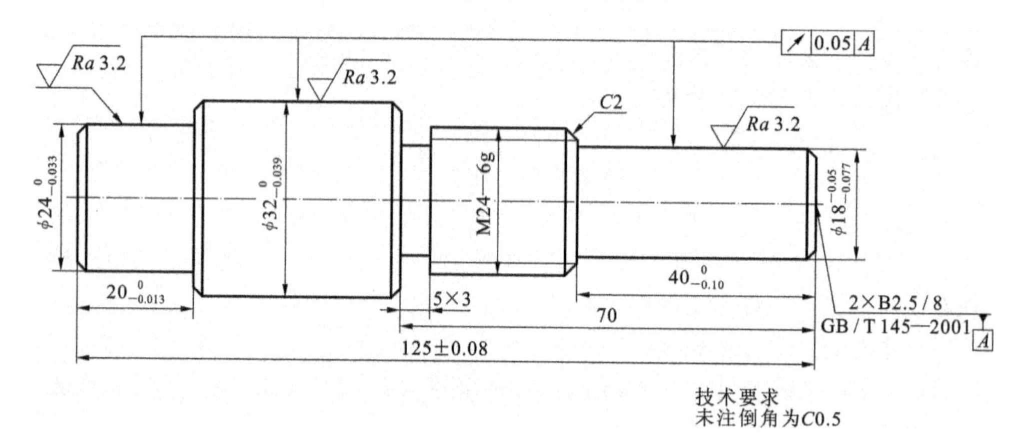

图 2-35 车削加工零件图

(2) 确定加工工艺过程。

① 装夹毛坯外圆，粗车 ϕ24 mm，留工序余量 2 mm。

② 车削端面，钻中心孔。

③ 调头夹紧，车削端面，钻中心孔。

④ 两顶尖装夹，粗车 ϕ32 mm、ϕ18 mm、螺纹 M24—6g 外圆，留工序余量 1 mm。

⑤ 粗车、精车螺纹 M24—6g。

⑥ 精车 ϕ32 mm、ϕ18 mm 外圆至尺寸要求。

⑦ 调头两顶尖装夹，精车 ϕ24 mm 外圆至尺寸要求。

四、任务准备

(1) 备料：ϕ35 mm×128 mm。

(2) 设备：车床(C6140 或 C6136)1 台，卡盘扳手 1 副，刀架扳手 1 副。

(3) 主要工具、量具、刀具、辅具：45°车刀、90°车刀、管外螺纹车刀、车槽刀、B2.5/8 中心钻、钻夹头、鸡心夹头、回转顶尖、固定顶尖、游标卡尺、千分尺(0～25 mm，25～50 mm)、M24—6g 螺纹环规、垫刀片若干。

五、任务实施

根据本学习情境各任务所学内容加工图 2-35 所示零件。

六、质量检查

按照如图 2-35 所示图样进行检查，检查操作过程和效果，分析保证加工质量的因素。

七、任务评价

根据表 2-6 进行任务评价。

表 2-6 任务评价表

学习小结：

考核内容	考核要求	分值	学生自评	教师评分
学习态度	遵守学习纪律，不迟到，不早退，学习认真	10		
安全文明生产	正确执行安全文明操作规程，场地整洁，工件和工具摆放整齐	15		
外圆尺寸与公差	$\phi32_{-0.039}^{0}$ mm	8		
	$\phi24_{-0.033}^{0}$ mm	8		
	$\phi18_{-0.077}^{-0.05}$ mm	8		
长度尺寸与公差	(125±0.08) mm	6		
	$40_{-0.10}^{0}$ mm	6		
	$20_{-0.013}^{0}$ mm	6		
长度尺寸	70 mm	4		
切槽	5 mm×3 mm	4		
螺纹(M24—6g)	合格	15		
径向圆跳动	≤0.05 mm(3 处)	6		
表面粗糙度(*Ra*)	3.2 μm	4		
合计		100		

教师寄语：

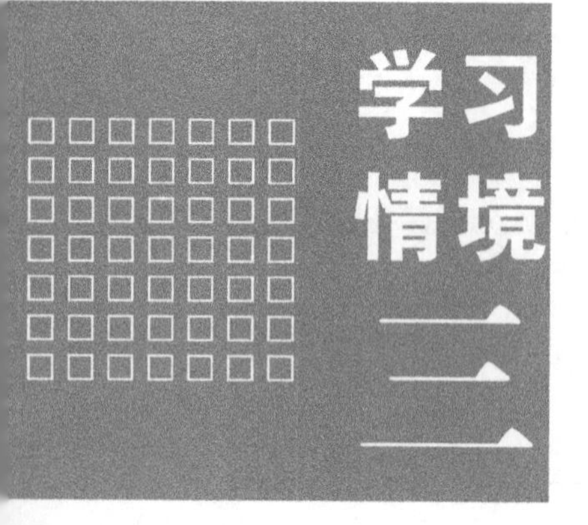

铣削加工

在铣床上利用刀具的旋转运动和工件的直线运动去除材料的加工方法称为铣削加工。

由于铣刀是多刃旋转刀具，每个刀齿可间歇参加切削、轮流获得冷却，因此铣削可采用较高的切削速度，获得较高的生产率。但铣削过程不平稳，有一定的冲击和振动。

铣床的加工范围广（见图 3-1），能加工中小型平面、特形面、各种沟槽、齿轮、螺旋槽和小型箱体工件上的孔等。

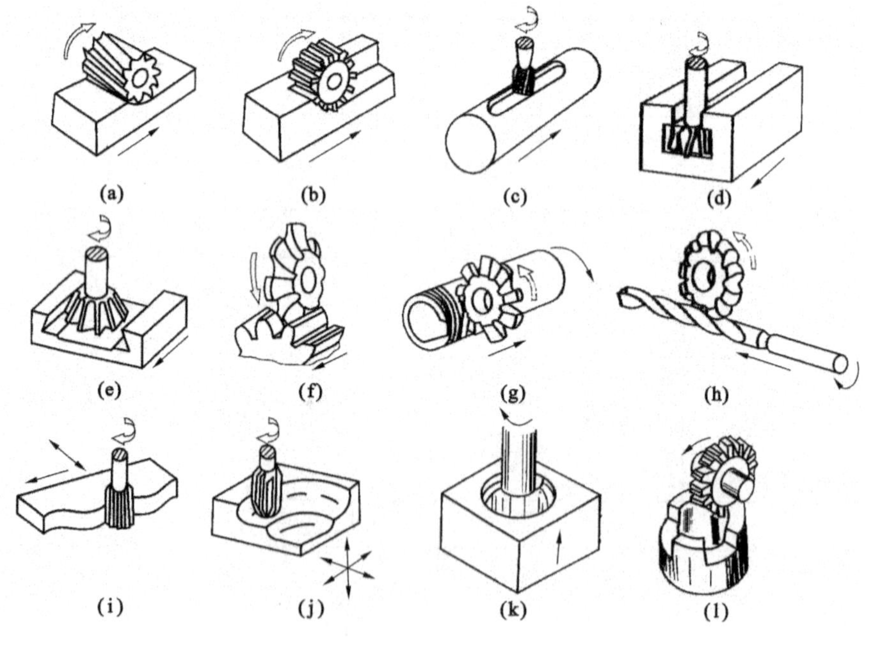

图 3-1　铣床加工的范围

(a) 铣削平面；(b) 铣削台阶；(c) 铣削键槽；(d) 铣削 T 形槽；(e) 铣削燕尾槽；(f) 铣削齿槽；(g) 铣削螺纹；(h) 铣削螺旋槽；(i) 铣削二维曲面；(j) 铣削三维曲面；(k) 镗孔；(l) 铣削牙嵌式离合器

任务一　铣床的基本操作

一、任务目标

掌握安装铣床刀具、装夹工件的方法，以及使用附件、实现铣床工作台和主轴运动的操作方法。

二、背景知识

铣削是铣刀旋转做主运动、工件或铣刀做进给运动的切削加工方法。常见的铣床主要有卧式万能升降台铣床（见图 3-2）、立式升降台铣床（见图 3-3）、龙门铣床（见图 3-4）和万能工具铣床（见图 3-5）。

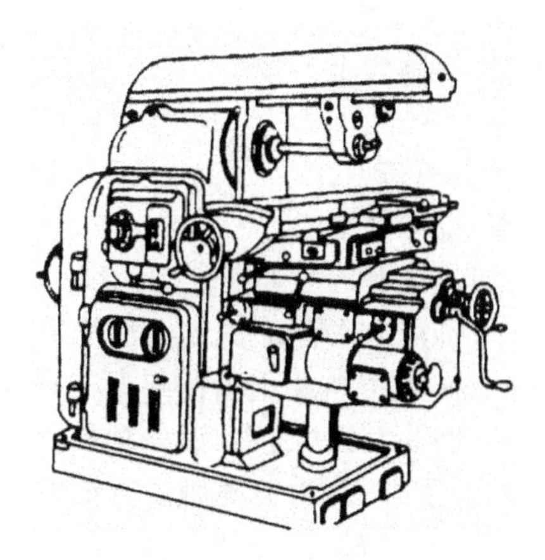

图 3-2　卧式万能升降台铣床

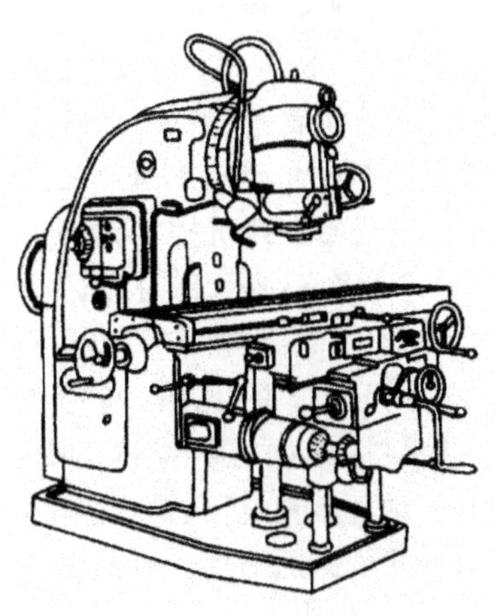

图 3-3　立式升降台铣床

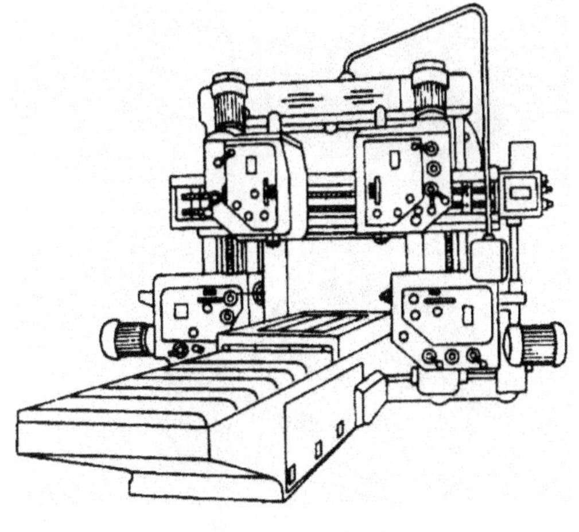

图 3-4　龙门铣床

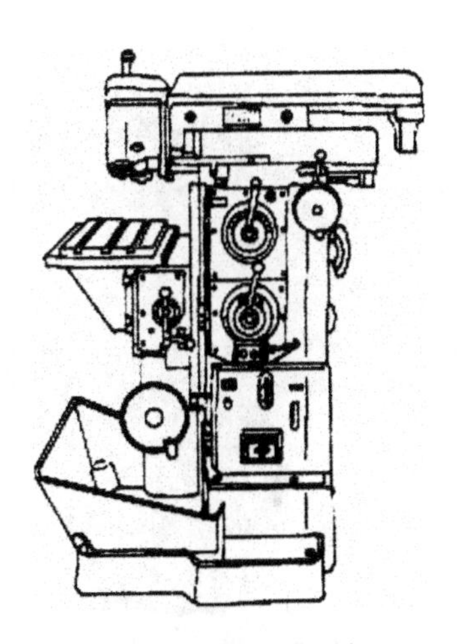

图 3-5　万能工具铣床

（一）铣床的结构

（1）主轴变速机构：装在床身内，将主电动机的额定转速通过齿轮变速成不同转速，传递给主轴。

（2）床身：用来安装和连接机床其他部件。床身内部装有主轴和主轴变速机构。

（3）横梁：可沿床身顶部燕尾形导轨移动，按需调节伸出量。横梁上可安装挂轮。

（4）主轴：前端带 7∶24 锥度的锥孔，用于安装铣刀杆和铣刀。

（5）挂架：安装在横梁上，支承刀杆的外端，增强刀杆的刚度。

（6）工作台：安装工件和夹具，带动工件实现纵向进给运动。

（7）横向滑板：带动工作台实现横向进给运动；在横向滑板与工作台之间设有回转盘，可使工件台在水平面内做±45°范围的旋转。

（8）升降台：支承横向滑板和工作台，带动工作台上下移动或实现垂直进给。内部装有进给电动机和进给变速机构。

（9）进给变速机构：调整和变换工作台的进给速度。

（10）底座：支承床身，承受铣床全部重量，储存切削液。

（11）附件：主要有平口钳（见图 3-6）、回转工作台（见图 3-7）、立铣头（见图 3-8）、万能铣头（见图 3-9）。使用平口钳和回转工作台时安装在铣床工作台上，起夹持工件作用。立铣头安装于铣床的主轴端，立铣头主轴在垂直平面内可左右转动各 45°。卧式铣床主轴以传动比 $i=1$ 驱动立铣头主轴回转，使卧式铣床具有立式铣床的功用。万能铣头与立铣头的区别是：结构上增加了一个可转动的壳体，与铣头壳体的轴线互成 90°的角度，使铣头主轴可实现空间转动，扩大了卧式铣床的使用范围。

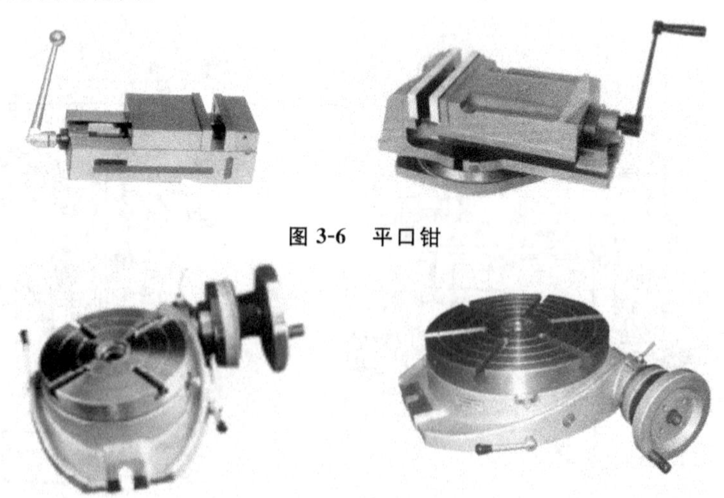

图 3-6　平口钳

图 3-7　回转工作台

图 3-8　立铣头

图 3-9　万能铣头

（二）工件装夹

(1) 用平口钳装夹，如图 3-10 所示。装夹中小型工件时，一般用平口钳；工件尺寸形状较大或不便用平口钳的，可采用压板。

(2) 用压板、螺栓直接装夹，如图 3-11 所示。

(3) 用分度头装夹，如图 3-12 所示。

(4) 用专用夹具装夹，如图 3-13 所示。

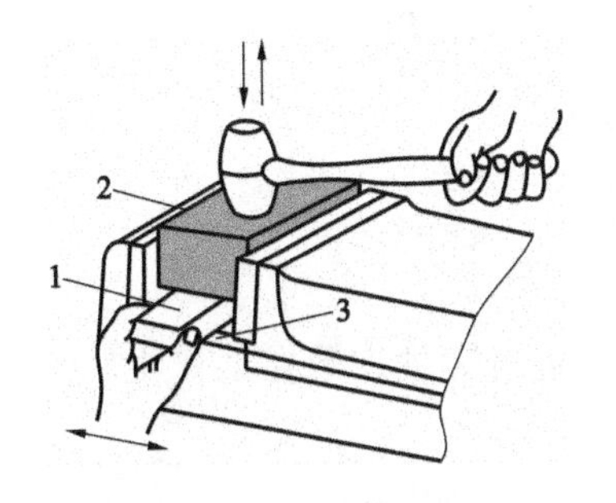

图 3-10　平口钳装夹

1—平行垫铁；2—工件；3—钳体导轨面

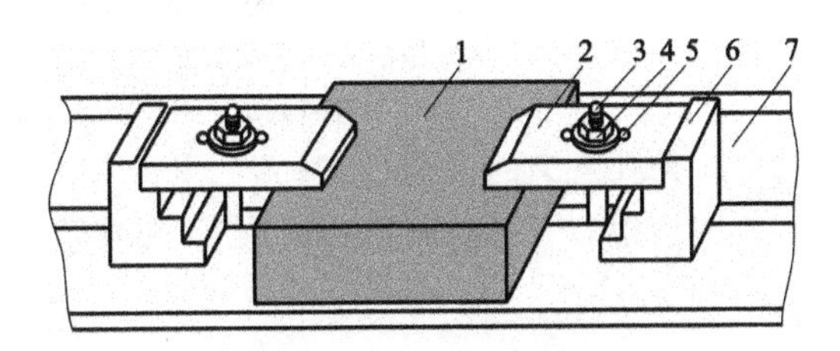

图 3-11　压板、螺栓装夹

1—工件；2—压板；3—T 形螺栓；4—螺母；5—垫圈；6—台阶垫铁；7—工作台面

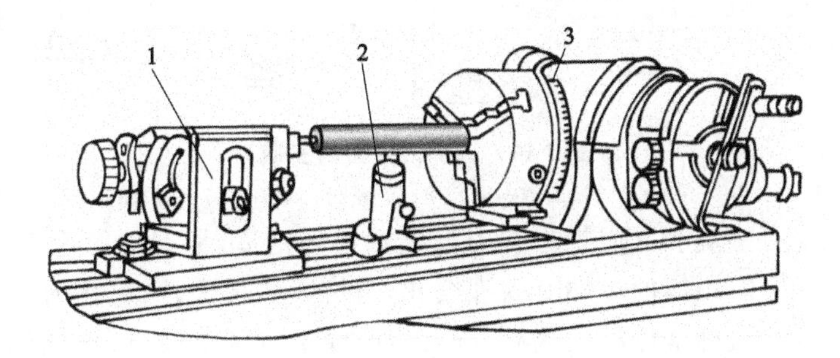

图 3-12　分度头装夹

1—尾架；2—千斤顶；3—分度头

（三）铣刀的安装

铣刀安装方法正确与否决定了铣刀的运动精度，并直接影响铣削的质量和铣刀的寿命。不同结构的铣刀，其安装的方法是不同的。

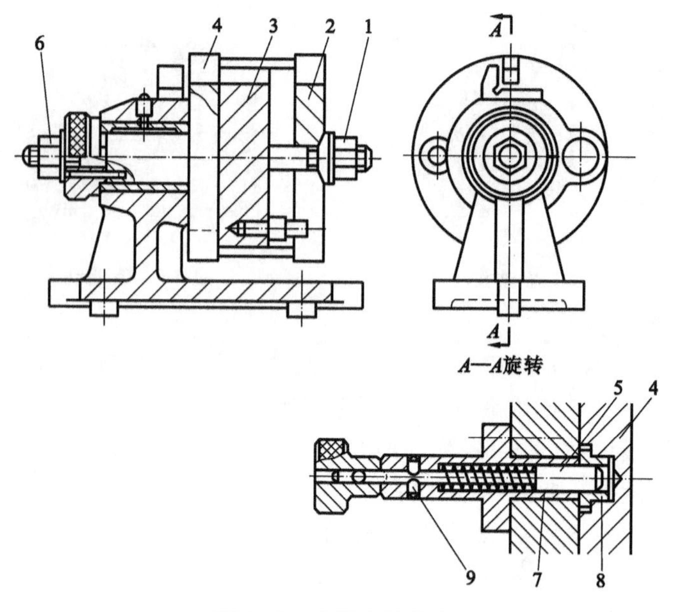

图 3-13　专用夹具装夹

1—夹紧螺母；2—开口垫圈；3—定位心轴；4—分度盘；5—定位销；
6—锁紧螺母；7—导套；8—定位套；9—止动销

1. 带孔铣刀的安装

圆柱铣刀、三面刃铣刀和面铣刀等带孔铣刀通过刀轴安装在铣床主轴上，如图 3-14 所示。

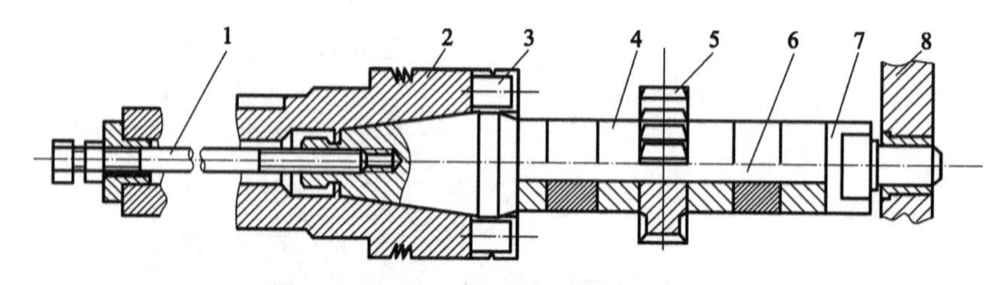

图 3-14　三面刃铣刀的安装

1—拉杆；2—主轴；3—端面键；4—套筒；5—铣刀；6—刀杆；7—螺母；8—吊架

刀杆上配有垫圈和紧固螺母。刀杆左端为外锥体，锥度一般为 7∶24，与铣床主轴锥孔配合。锥体的小端有内螺纹孔，与拉紧螺杆配合，可将刀杆锥孔拉紧在主轴锥孔内。刀杆锥体的大端有一凸缘，凸缘上有两个缺口，与铣床主轴端的端面键配合，以防刀杆发生转动角位移。刀杆的中部是带有键槽的光轴，用于安装铣刀和垫圈，靠定位键将扭矩传给铣刀。刀杆右端是螺纹和轴颈，螺纹用于安装螺母，以紧固铣刀，轴颈与吊架轴承孔配合，支承铣刀刀杆。

2. 带柄铣刀的安装

带柄铣刀有直柄铣刀和锥柄铣刀两种。直柄铣刀一般用弹簧套安装在铣床主轴锥孔内，如图 3-15 所示。

锥柄铣刀安装时有以下两种方法：大尺寸铣刀的锥柄的锥度为 7∶24，与铣床主轴锥孔锥度相同，直接将锥柄铣刀装入铣床主轴锥孔中；小尺寸铣刀锥柄采用莫氏锥度，与铣床主轴锥孔锥度不同，用过渡锥套来安装铣刀，如图 3-16 所示。

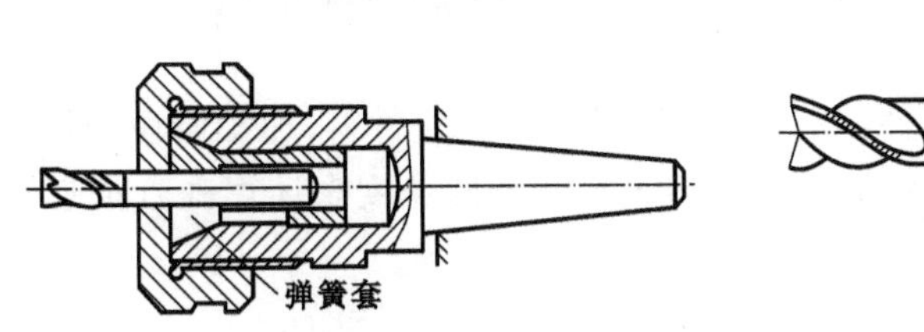

图 3-15 直柄铣刀的安装　　**图 3-16 用过渡锥套安装锥柄铣刀**

(四) 铣削用量

在铣削过程中所选用的切削用量称为铣削用量，包括铣削宽度 a_e、铣削深度 a_p、铣削速度 v_c 和进给量 a_f，如图 3-17 所示。

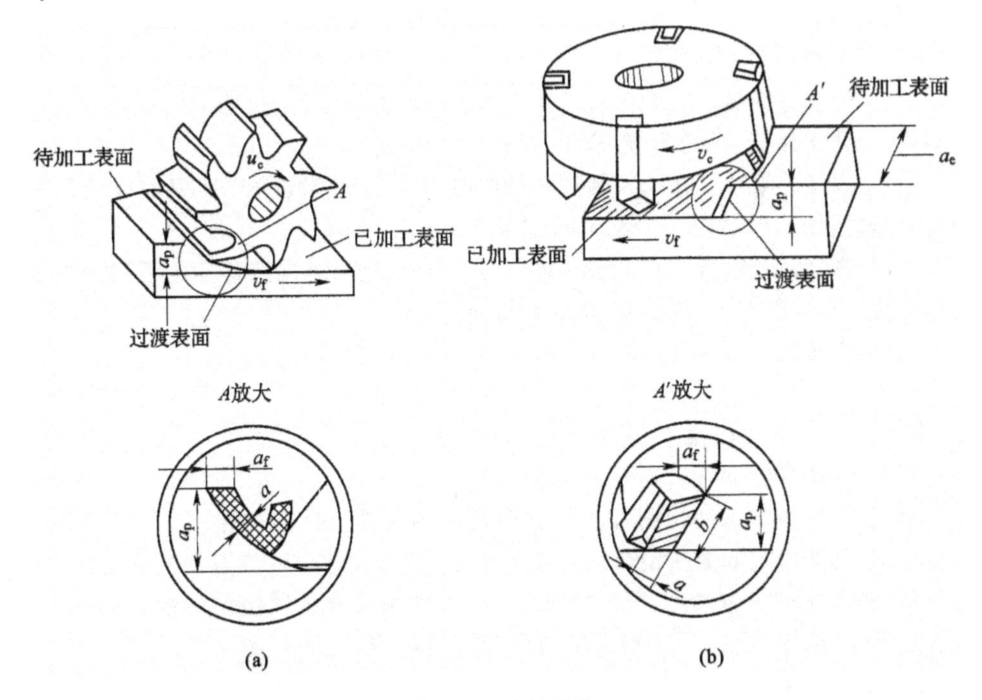

图 3-17 铣削用量

(a) 圆柱铣刀铣削用量；(b) 端铣刀铣削用量

1. 铣削宽度

铣削宽度是指铣刀在一次进给中切除的工件表面的宽度，用符号 a_e 表示，单位为 mm。

2. 铣削深度

铣削深度是指铣刀在一次进给中切除的工件表面的厚度，即工件的已加工表面和待加工表面的垂直距离，用符号 a_p 表示，单位为 mm。

3. 铣削速度

铣削速度是指铣刀刃上离中心最远的一点，在每分钟内所转过的长度，用符号 v_c 表示，单位为 m/min。

在实际加工中，应根据工件的材料、铣刀切削部分的材料、加工阶段的性质等因素确定合适的铣削速度，然后根据铣刀直径和铣削速度来计算铣刀转速 n，具体计算公式如下：

$$n = \frac{1000v_c}{\pi d}$$

式中：v_c 为铣削速度，单位为 m/min；D 为铣刀直径，单位为 mm；n 为铣刀转速，单位为 r/min。

4. 进给量

铣削过程中，工件相对于铣刀的进给速度称为进给量(a_f)。进给量的表示方法有以下三种。

(1) 每齿进给量。在铣刀转过一个齿的时间内，工件沿进给方向所移动的距离称为每齿进给量，用符号 f_z 表示，单位为 mm/z。

(2) 每转进给量。在铣刀转过一转的时间内，工件沿进给方向所移动的距离称为每转进给量，用符号 f_r 表示，单位为 mm/r。

(3) 每分钟进给量。在 1 min 时间内，工件沿进给方向所移动的距离称为每分钟进给量，用符号 v_f 表示，单位为 mm/min。

铣床上是以 v_f 来调整进给量的，三种进给量的关系是：

$$v_f = f_z z n = f_r n$$

式中：z 为铣刀齿数；n 为铣刀或铣床主轴转速。

(五) 切削液

切削液是为了提高切削加工效果而使用的液体。铣削过程中，铣刀与工件作用产生的变形与摩擦所消耗的功绝大部分转变为热能，致使刀尖温度很高，使刀刃容易磨钝和损伤，加工质量难以保证。在铣削过程中冲注切削液，可减少切削热和机械摩擦，减小工件表面粗糙度及热变形，延长铣刀使用寿命，提高加工质量和生产效率。

三、任务分析

工件如图 3-18 所示，毛坯尺寸为 55 mm×65 mm×10 mm，材料为 45 钢，单件生产。任务具体要求如下：掌握铣床开启、工作台运行基本操作；掌握装卸铣刀的方法，掌握平口钳的安装和找正方法；掌握用压板装夹工件、找正工件的方法；掌握铣削用量的调整方法。

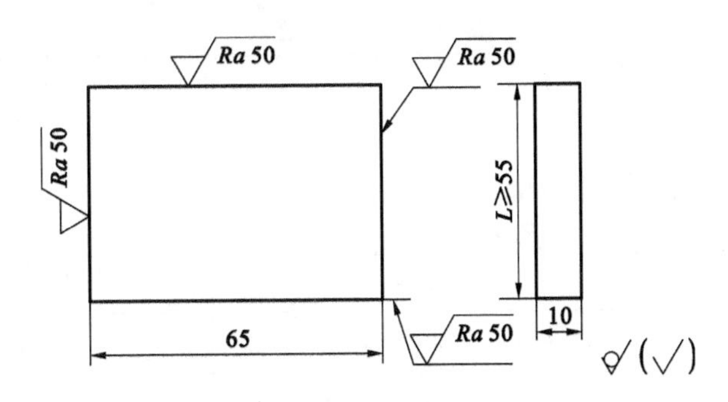

图 3-18　铣削零件毛坯图

根据该零件的形状及加工要求，该零件既可在卧式铣床上加工也可在立式铣床上加工。在卧式铣床上宜用面铣刀依次加工四个侧面，在立式铣床上宜用立铣刀依次加工四个侧面。工件装夹时应合理定位、夹紧，保证铣刀加工的必要空间。

四、任务准备

(1) 准备好铣刀、平口钳和压板等附件，以及相关工具、量具。

(2) 准备好尺寸为 55 mm×65 mm×10 mm 的板料。

五、任务实施

(1) 开启铣床电源，先手动控制铣床工作台运动，再自动控制铣床工作台运动，关闭铣床电源。

(2) 安装铣刀，检查铣刀运行情况。

(3) 安装平口钳并找正位置，用平口钳装夹工件。

(4) 换用压板装夹工件，并找正工件位置。

(5) 调整铣刀转速，调整进给量和切削深度。

(6) 卸下工件、夹具、铣刀。

六、质量检查

检查操作过程和效果，分析保证操作质量的因素。

七、任务评价

根据表 3-1 进行任务评价。

表 3-1 任务评价表

学习小结：

考核内容	考核要求	分值	学生自评	教师评分
学习态度	遵守学习纪律，不迟到、不早退，学习认真	10		
安全文明生产	正确执行安全文明操作规程，场地整洁，工件和工具摆放整齐	10		
启闭铣床电源，手动、自动控制工作台运动	操作规范、合理	10		
装卸铣刀操作	装卸铣刀步骤正确、操作规范	20		
安装平口钳并找正位置，卸下平口钳	平口钳安装和找正步骤正确、操作规范，卸下平口钳操作规范	20		
用压板装夹工件，并找正工件位置	装夹和找正工件位置操作规范	20		
调整主轴转速、进给量和切削深度	操作规范、合理	10		
合　　计		100		

教师寄语：

任务二　铣削平面

一、任务目标

掌握铣削平面并达到普通精度等级要求的方法。

二、背景知识

铣削平面是指用铣削方法加工工件的平面，铣削加工后的平面的质量主要由平面度和表面粗糙度来衡量。

（一）铣削平面的方法

1. 圆周铣削

圆周铣削是指利用分布在铣刀周边的齿刃铣削形成表面。铣削平面时，利用铣刀圆柱面上的刀刃铣削形成平面，如图 3-19 所示。

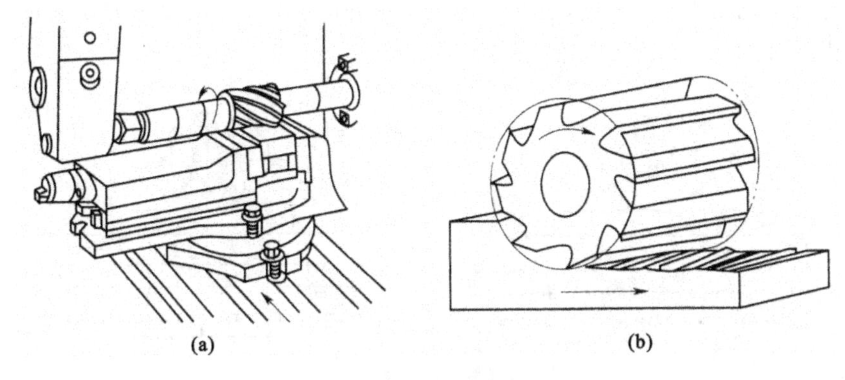

图 3-19　圆周铣削

圆周铣削时使用的是圆柱铣刀。由于圆柱铣刀是由若干切削刃组成的，因此铣削出的平面有微小波纹。要使铣出的平面具有小的表面粗糙度值，工件的进给速度要慢一些，铣刀的转速要适当快一些。

用圆周铣削铣出的平面，其平面度主要取决于铣刀的圆柱度。因此在精铣平面时，要保证铣刀的圆柱度。

2. 端面铣削

端面铣削利用分布在铣刀端面上的刀刃铣削形成表面。铣削平面时，一般使用端铣刀在立式铣床上进行，铣出的平面与铣床工作台面平行，如图 3-20 所示。端面铣削也可在卧式铣床上进行，铣出的平面与铣床工作台垂直，如图 3-21 所示。

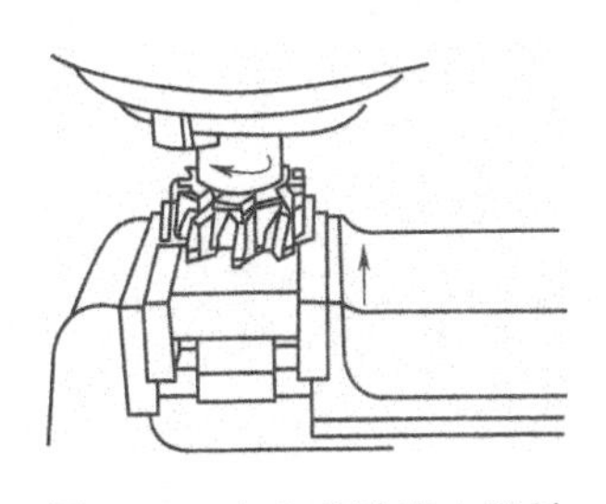

图 3-20　在立式铣床上端铣

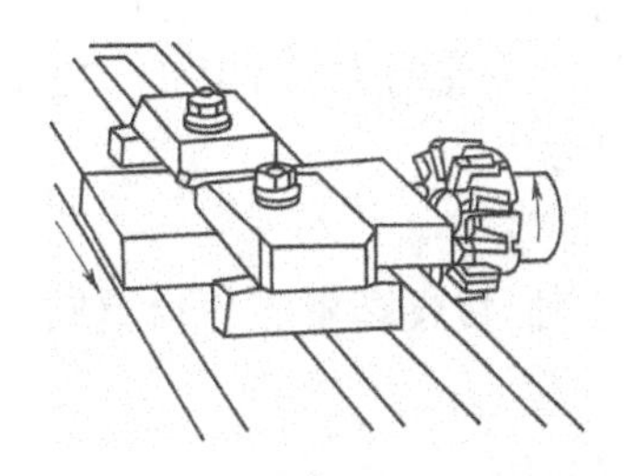

图 3-21　在卧式铣床上端铣

端面铣削铣出的平面会有一条条刀纹，影响工件表面质量，调整工件的进给速度和铣刀转速可减小表面粗糙度。端面铣削铣出的平面，其平面度大小主要取决于铣床主轴轴线与工件进给方向的垂直度，因此，用端铣方法铣削平面前，应进行铣床主轴轴线与工件进给方向垂直度的校正。

由于端面铣削具有振动小、效率高、刀片安装方便、刃磨方便等优点，因此在许多场合用端面铣刀取代圆柱铣刀铣削平面。

（二）铣削方式

铣削有逆铣和顺铣两种方式（见图 3-22）。逆铣时，铣刀对工件的作用力在进给方向上的分力与工件进给方向相反。顺铣时，铣刀对工件的作用力在进给方向上的分力与工件进给方向相同。

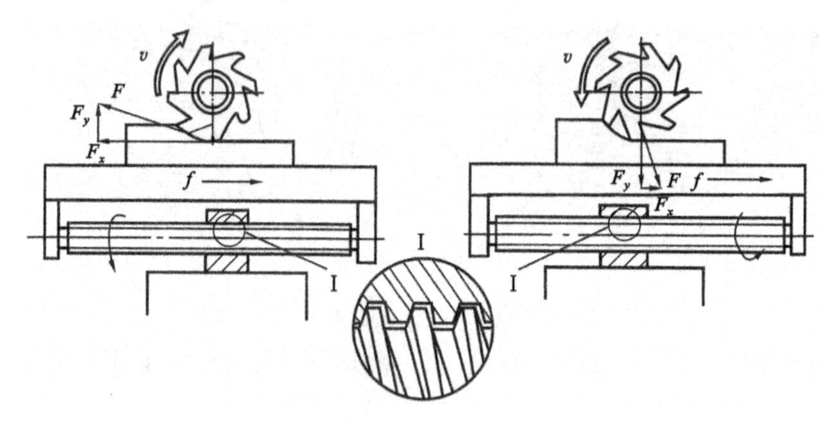

图 3-22　逆铣和顺铣

逆铣的优点是：丝杠与螺母的传动工作面始终接触，由螺纹副推动工作台运动，不会引起工作台窜动，适合粗铣。其缺点是：刀刃切入工件的方式由浅到深，因此加工表面较粗糙，当吃刀量过大或切到工件硬点时可能会发生“啃刀”现象，或将工件掀掉、损坏刀具。

顺铣的优点是：刀刃切入工件的方式由深到浅，因此加工表面较光洁，适合于精铣。其缺点是：当铣刀切到工件的硬点或因切削厚度变化引起水平分力突然增大，超过工作台进给的摩擦阻力时，原来由螺纹副推动的工作台运动形式变成由铣刀带动工作台窜动的运动形式，会导致刀齿折断、刀杆弯曲，或使工件（或夹具）移位，甚至损坏机床，因此一般不轻易采用顺铣。若铣床有间隙调整装置，也可采用顺铣。

（三）对刀

启动主轴，慢慢调整工作台，使铣刀与工件轻微接触，然后用手动或机动方式退出铣刀。

三、任务分析

任务要求加工如图 3-23 所示零件，毛坯尺寸为 55 mm×65 mm×10 mm，材料为 45 钢，单件生产。

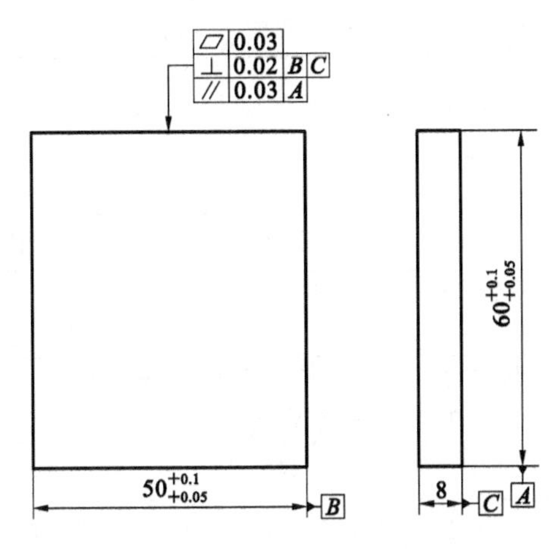

图 3-23　铣削加工零件图

四、任务准备

（1）准备 55 mm×65 mm×10 mm 板料。

（2）准备机床、刀具、划线工具、夹具、游标卡尺等。

（3）确定各加工工序的切削用量。

五、任务实施

（1）选择铣刀并进行安装。

① 卧式铣床上用圆柱铣刀圆周铣平面，铣刀宽度大于工件加工面的宽度。粗铣时切削深度越大，相应选择较小直径的铣刀；精铣一般选择较大直径的铣刀。粗铣时用粗齿；精铣时用细齿。

② 用端铣刀加工时，铣刀直径要大于工件加工面的宽度，一般为工件加工面宽度的 1.2～1.5 倍。

（2）定位与装夹工件。

以 A、B、C 面为基准划线，以 A、B、C 面定位并夹紧工件。

（3）实施铣削加工。

选择适当的切削用量，进行铣削加工。

（4）卸下工件和刀具。

六、质量检查

检验零件加工质量，分析影响零件加工质量的因素。

七、任务评价

根据表 3-2 进行任务评价。

表 3-2　任务评价表

学习小结：

考核内容	考核要求	分值	学生自评	教师评分
学习态度	遵守学习纪律，不迟到、不早退，学习认真	10		
安全文明生产	正确执行安全文明操作规程，场地整洁，工件和工具摆放整齐	10		
选择与装卸刀具	刀具选择合理，安装规范	5		
装卸工件	工件定位合理，装卸规范	10		
操作机床	切削用量选择合理、操作规范，机床控制合理	10		
平面度	箭头所指平面的平面度≤0.03 mm	10		
垂直度	箭头所指平面相对于 B、C 基准面的垂直度≤0.02 mm	10		
平行度	箭头所指平面相对于 A 基准面的平行度≤0.03 mm	10		
长度尺寸(60 mm)公差	0.05～0.1 mm	10		
宽度尺寸(50 mm)公差	0.05～0.1 mm	10		
高度尺寸(8 mm)公差	±0.05 mm	5		
合　　计		100		

教师寄语：

任务三　铣削斜面

一、任务目标

掌握铣削斜面并达到中等精度等级要求的方法。

二、背景知识

(一) 铣削条件

铣削斜面时，工件、机床、刀具之间必须满足两个条件：一是工件的斜面应平行于铣削时铣床工作台的进给方向；二是工件的斜面应与铣刀的切削位置相吻合，即用圆柱铣刀铣削时斜面与铣刀的外圆柱面相切，用端铣刀铣削时斜面与铣刀刀刃端面相重合。

（二）铣削方法

铣削斜面的方法有倾斜工件法、倾斜铣刀法和角度铣刀法三种。

1. 倾斜工件法

在卧式铣床或在立铣头不能转动的立式铣床上铣削斜面时，可将工件倾斜相应的角度装夹，以便铣削。常用以下三种方法。

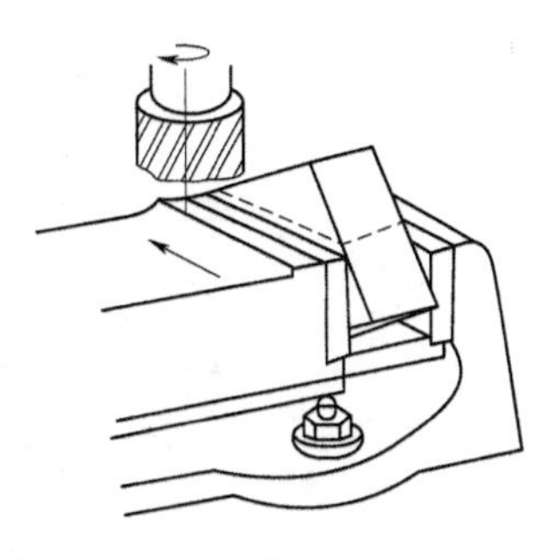

图 3-24　按划线装夹工件铣斜面

（1）按划线装夹工件　先在工件上划出斜面的加工线，然后用平口钳或压板装夹工件，校正工件上所划斜面加工线与工作台进给方向平行，用端铣刀或圆柱铣刀铣削斜面。图 3-24所示为用端铣刀按划线装夹工件铣斜面。

（2）扳转平口钳装夹工件　安装并校正平口钳，扳转钳体，调整到所需角度后装夹工件，如图 3-25 所示。

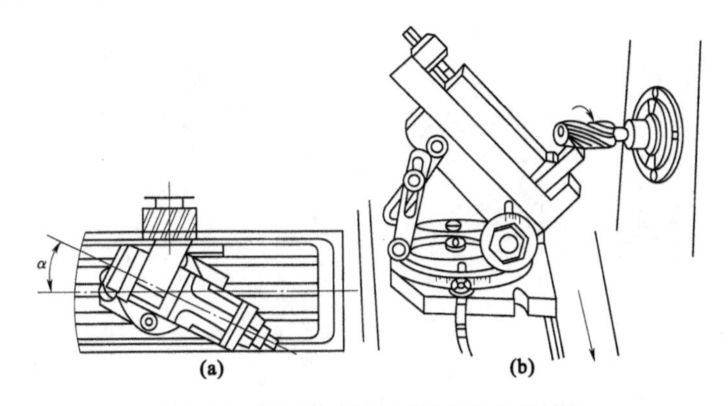

图 3-25　扳转平口钳角度装夹工件铣斜面

(a) 利用平口钳转角度铣削斜面；(b) 利用可倾平口钳转角度铣削斜面

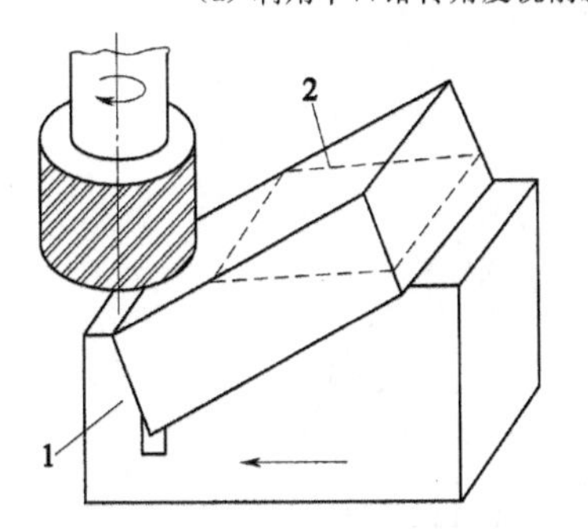

图 3-26　用倾斜垫铁装夹工件铣斜面

1—倾斜垫铁；2—工件

（3）用倾斜垫铁装夹工件

如图 3-26 所示，在工件基准面下面垫一块倾斜垫铁，使工件的斜面与铣床工作台平行，即可铣削斜面。垫铁的倾斜度须与工件斜面的倾斜度相同，垫铁的宽度应小于工件的宽度。这种方法适用于小批量生产。

2. 倾斜铣刀法

在立铣头可转动的立式铣床上安装端铣刀或立铣刀，用平口钳或压板装夹工件，可加工出所要求的斜面。

（1）工件基准面与工作台面平行装夹工件。

用立铣刀铣削斜面时，立铣头应扳转角度 $90°-\theta$，如图 3-27 所示。用端铣刀铣削斜面时，立铣头扳转角度 θ，如图 3-28 所示。

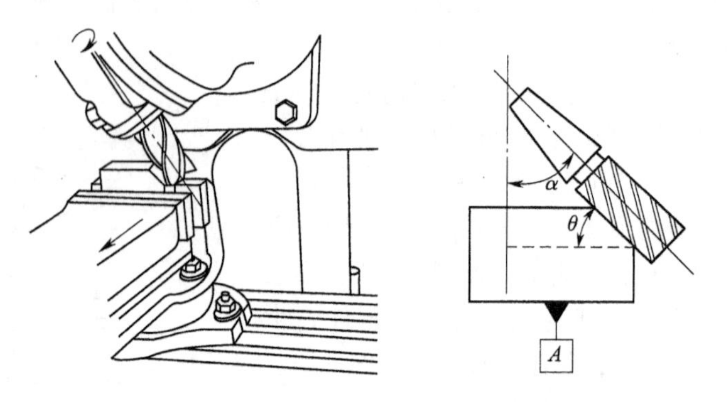

图 3-27　工件基准面与工作台面平行时用立铣刀铣斜面

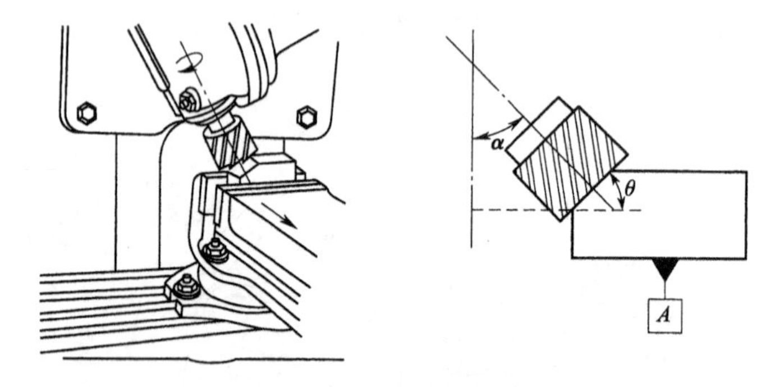

图 3-28　工件基准面与工作台面平行时用端铣刀铣斜面

（2）工件基准面与工作台面垂直装夹工件。

用立铣刀铣削斜面时，立铣头应扳转角度 θ，如图 3-29 所示。用端铣刀铣削斜面时，立铣头扳转角度 $90°-\theta$，如图 3-30 所示。

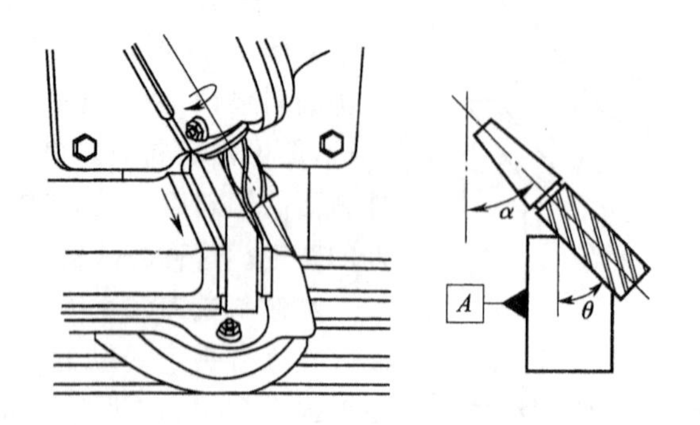

图 3-29　工件基准面与工作台面垂直时用立铣刀铣斜面

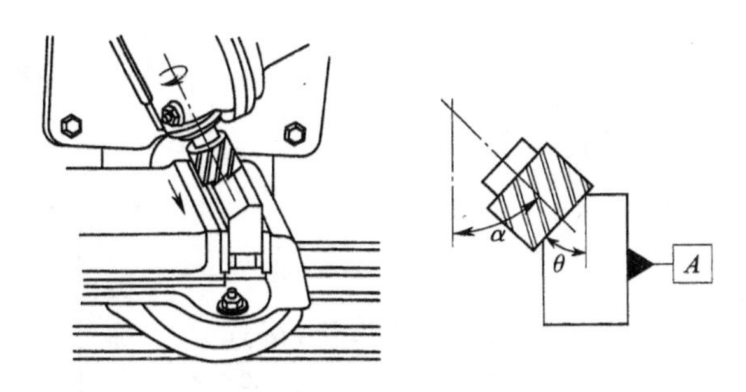

图 3-30 工件基准面与工作台面垂直时用端铣刀铣斜面

3. 角度铣刀加工法

对宽度较窄的斜面，可用角度铣刀铣削。角度铣刀分为单角度铣刀和双角度铣刀两种，如图 3-31 所示。

角度铣刀的角度应根据工件斜面的倾斜角度确定，所铣斜面的宽度应小于角度铣刀的切削刃宽度。铣削对称的斜面时，应当采用两把直径和角度相同、切削刃相反的角度铣刀同时铣削，如图 3-32 所示。

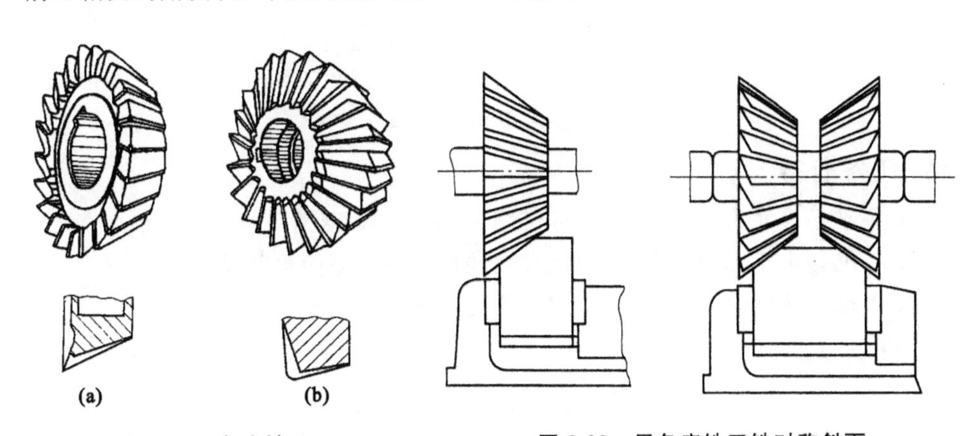

图 3-31 角度铣刀

(a) 单角度铣刀；(b) 双角度铣刀

图 3-32 用角度铣刀铣对称斜面

三、任务分析

任务要求如图 3-33 所示，毛坯尺寸为 50 mm×50 mm×10 mm，材料为 45 钢，单件生产。

（一）确定加工过程

根据各主要加工面的技术要求，可确定如下加工过程：划粗加工线——粗铣工件四个侧面——划精加工线——精铣工件四个侧面——去毛刺。

（二）确定斜面的铣削方法

可在立式铣床上用端铣刀加工斜面，加工斜面时工件用平口钳装夹、校正。

（三）定位基准

根据图样技术要求，应尽量以 *A* 面和 *B* 面位定位基准装夹工件。

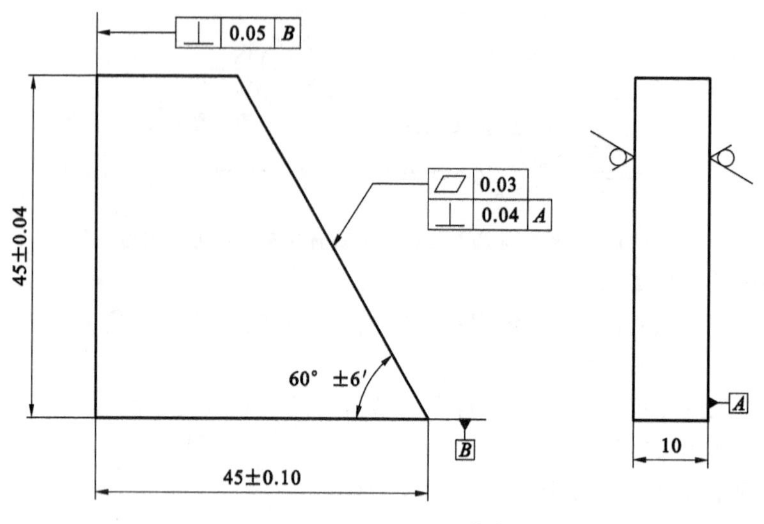

图 3-33　斜板零件图

四、任务准备

(1) 准备尺寸为 50 mm×50 mm×10 mm 的 45 钢钢料。

(2) 准备机床、刀具、划线工具、夹具、游标卡尺、万能角度尺等。

(3) 确定切削余量、铣削加工的切削用量等。

五、任务实施

(1) 划粗加工线，各加工表面留余量 0.5 mm，装夹并校正工件。

(2) 粗铣工件四个侧面。

(3) 划精加工线，装夹并校正工件。

(4) 换精加工刀具，精铣工件四个侧面至图样尺寸。

(5) 去毛刺。

六、质量检查

检验工件加工质量，分析影响加工质量的因素。

七、任务评价

根据表 3-3 进行任务评价。

表 3-3 任务评价表

学习小结：

考核内容	考核要求	分值	学生自评	教师评分
学习态度	遵守学习纪律，不迟到、不早退，学习认真	10		
安全文明生产	正确执行安全文明操作规程，场地整洁，工件和工具摆放整齐	10		
矩形工件轮廓尺寸(45 mm×45 mm)	分别不超过±0.1 mm、±0.04 mm	15		
左侧面的垂直度要求	相对于 B 面不超过 0.05 mm	10		
斜面倾斜角度	60°±6′	20		
斜面的几何公差	平面度不超过 0.03 mm，相对于 A 面的垂直度不超过 0.04 mm	20		
各切削加工平面的表面粗糙度(Ra)	3.2 μm	10		
去毛刺	毛刺清理完全，表面光滑	5		
合　计		100		

教师寄语：

任务四 铣削台阶、直角沟槽

一、任务目标

掌握铣削台阶和直角沟槽的方法，检测台阶和直角沟槽。

二、背景知识

（一）台阶的铣削方法

根据台阶和直角沟槽的结构尺寸不同，可在卧式铣床上用三面刃铣刀或在立式铣床上用端铣刀（或立铣刀）加工。

1. 用三面刃铣刀铣削台阶

由于三面刃铣刀的直径和刀齿尺寸较大，容屑槽也较大，刀齿强度高，排屑和冷却效果好，生产效率较高，因此在卧式铣床上铣削宽度不太大、深度不太深的台阶时一般采用三面刃铣刀。用三面刃铣刀铣削台阶如图 3-34 所示。

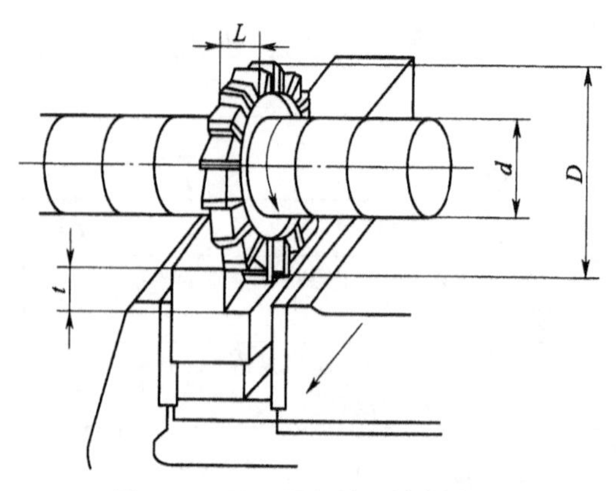

图 3-34 用三面刃铣刀铣削台阶

用三面刃铣刀铣削台阶时，主要根据铣刀的直径 D 和宽度 L 选择铣刀。三面刃铣刀的宽度应大于台阶宽度，以便在一次进给中铣削出台阶的宽度。为了使台阶的上平面与刀杆不干涉，铣刀直径按以下公式确定：$D>d+2t$。

在立式铣床上铣削台阶时，一般采用立铣刀。对尺寸较大的台阶，多采用直径较大的立铣刀，以提高加工效率。

2. 用端铣刀铣削台阶

对于宽度较宽但深度较浅的台阶，常使用端铣刀在立式铣床上加工，如图 3-35所示。

端铣刀的主偏角应为 90°，端铣刀刀杆刚度高，铣削时切削厚度变化小，切削平稳，加工表面质量高，生产效率较高。铣削时，端铣刀直径 D 应大于台阶宽度 B，一般按 $D=(1.4\sim1.6)B$ 选取。

3. 用立铣刀铣削台阶

对于宽度但深度较深的台阶，常使用立铣刀在立式铣床上加工，如图 3-36 所示。

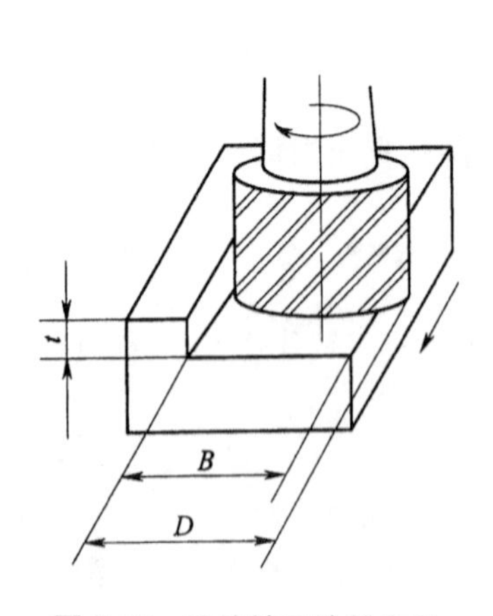

图 3-35 用端铣刀铣削台阶

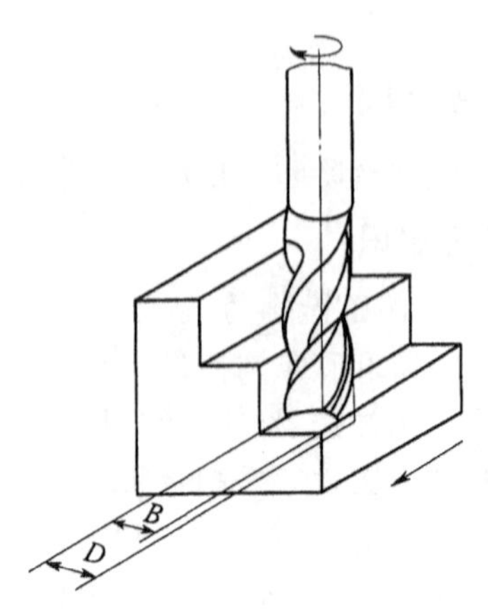

图 3-36 用立铣刀铣削台阶

铣削时，立铣刀的周围切削刃起主要切削作用，端面切削刃起修光作用；应尽可能选择直径较大的立铣刀，以提高铣削效率。由于立铣刀刚度、强度较低，铣削时应选择合适的切削用量，其值一般比使用三面刃铣刀铣削时要小，否则容易产生让刀现象甚至折断铣刀。

（二）直角沟槽的铣削方法

直角沟槽分通槽、半通槽和封闭槽，如图 3-37 所示。通槽主要用三面刃铣刀铣削，也可用立铣刀、键槽铣刀铣削。半通槽和封闭槽采用立铣刀或键槽铣刀铣削。

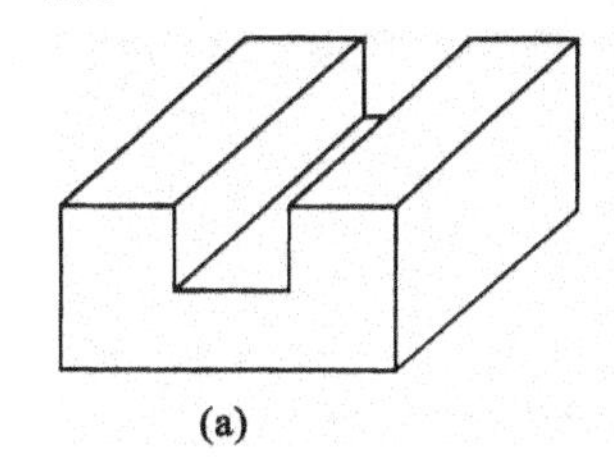

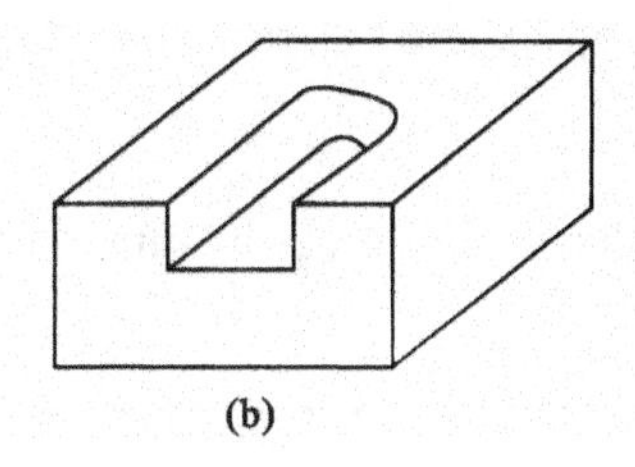

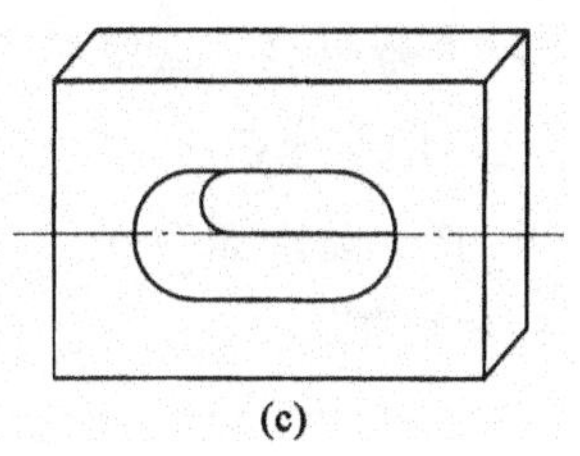

(a)　(b)　(c)

图 3-37　直角沟槽的种类

(a) 通槽；(b)半通槽；(c) 封闭槽

1. 用三面刃铣刀铣削直角通槽

用三面刃铣刀铣削直角通槽如图 3-38 所示。

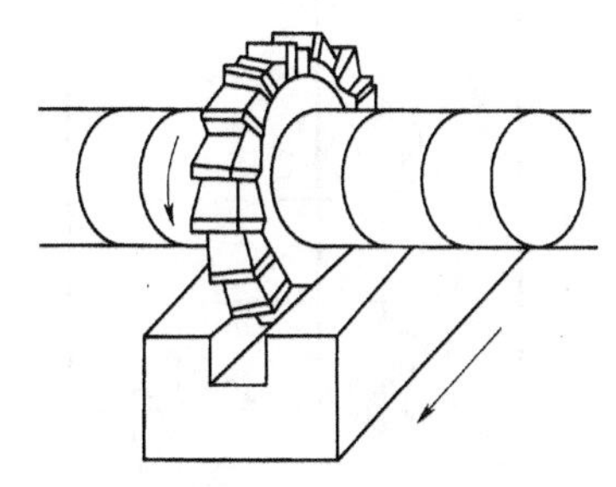

图 3-38　采用三面刃铣刀铣削直角通槽

铣刀的宽度应等于或小于所加工的槽宽。对于槽宽尺寸精度要求较高的沟槽，应选择宽度小于槽宽的三面刃铣刀，分次铣削至零件图样要求。与铣削台阶相似，三面刃铣刀的直径应大于铣刀杆垫圈直径与两倍的沟槽深度之和。

2. 用立铣刀或键槽铣刀铣削半通槽和封闭槽

用立铣刀或键槽铣刀铣削半通槽和封闭槽如图 3-39 所示。

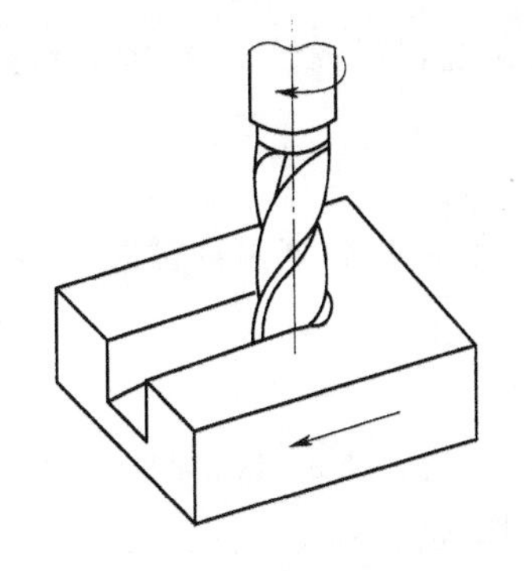

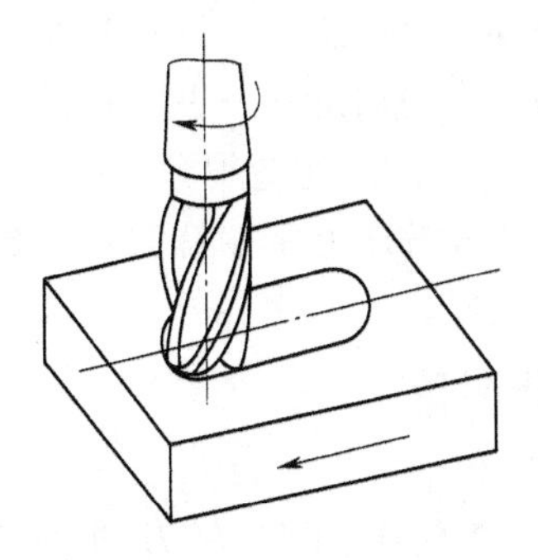

图 3-39　用立铣刀铣削半通槽和封闭槽

铣刀直径应小于或等于槽宽。为了避免由于铣刀刚度较低而产生的"让刀"现象，在加工较深的槽时，应分几次铣削到所要求的深度。铣削到所要求的深度以后，再将槽两侧扩铣到所要求的宽度。扩铣时应避免采用顺铣，以免损伤铣刀和工件。

用立铣刀铣削封闭槽时，由于立铣刀的端面刃不能垂直进给切削工件，因此铣削前应在封闭槽的一段预钻一个直径略小于立铣刀直径的落刀孔，以便立铣刀由此孔落刀铣削。

对于精度较高、深度较浅的半通槽和封闭槽，可用键槽铣刀铣削。键槽铣刀的端面刃可垂直进给切削工件，因此用键槽铣刀铣削封闭槽时不必预钻落刀孔。

三、任务分析

任务要求如图 3-40 所示，毛坯尺寸为 70 mm×50 mm×45 mm，材料为 45 钢，单件生产。

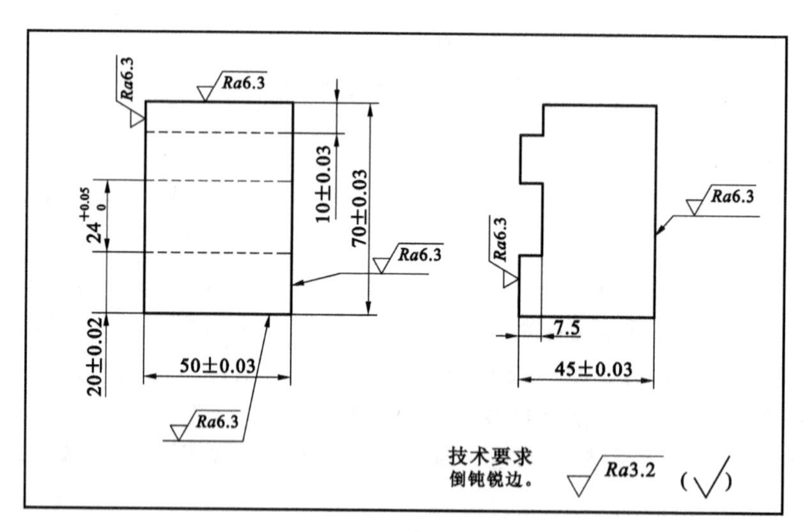

图 3-40　台阶零件图

(一) 确定加工过程

根据各主要加工面的技术要求，确定加工过程：划线——粗加工台阶——粗加工沟槽——精加工——去毛刺。

(二) 确定台阶和直角沟槽的铣削方法

可在立式铣床上用端铣刀加工斜面。铣削台阶和直角沟槽时，一般采用平口钳装夹工件。

四、任务准备

(1) 准备毛坯尺寸为 70 mm×50 mm×45 mm 的 45 钢板料。

(2) 准备铣床、毛坯、铣刀、夹具、划线工具、量具等。

(3) 确定粗、精加工的切削用量。

五、任务实施

(1) 检查台虎钳，两钳口的平行度误差应在 0.01 mm 以内。

(2) 工件划线。

(3) 装夹工件并校正，安装刀具。

(4) 粗铣台阶。将铣刀贴合在毛坯的上表面，移动纵向工作台。将升降台的刻度调到“0”，然后将升降台升起 7.5 mm。移动工作台，将纵向工作台刻度调到“0”，根据给定的切入量，切入 9.5 mm。

(5) 粗铣沟槽。移动工作台，试切削 10～15 mm。主轴停转后测量，确定切入量，进行铣削。

(6) 精铣台阶和沟槽。换精加工刀具，精铣台阶和沟槽。

(7) 去毛刺。

六、质量检查

检查加工质量，分析影响加工质量的因素。

七、任务评价

根据表 3-4 进行任务评价。

表 3-4　任务评价表

学习小结：

考核内容	考核要求	分值	学生自评	教师评分
学习态度	遵守学习纪律，不迟到、不早退，学习认真	10		
安全文明生产	正确执行安全文明操作规程，场地整洁，工件和工具摆放整齐	10		
尺寸(20 mm)公差	±0.02 mm	20		
尺寸(24 mm)公差	0～0.05 mm	20		
尺寸(10 mm)公差	±0.03 mm	15		
表面粗糙度(Ra)	铣削加工面，3.2 μm	20		
去毛刺	毛刺清理完全，表面光滑	5		
合　　计		100		

教师寄语：

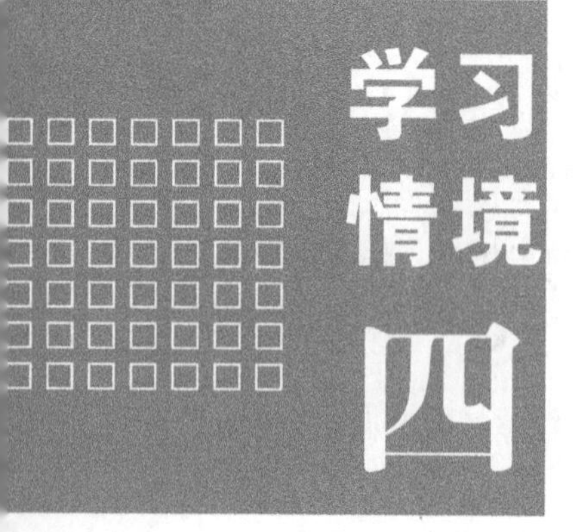

钣金加工

任务一　钣金设备认识

一、任务目标

熟悉常用钣金设备的结构原理、调整方法和冲床操作方法。

二、背景知识

1. 冲床

冲床是板料冲压的基本设备，图 4-1 所示为单动曲轴冲床的外观图及传动简图。其工作原理是，电动机通过减速机构带动 V 带轮转动，V 带轮通过离合器与曲轴相连接，离合器由和踏杆相连的拉杆控制；当踩下踏板使离合器闭合时，V 带轮便可带动曲轴旋转，曲轴通过连杆带动滑块沿导轨做上下往复直线运动，进行冲压。

2. 冲模

冲模是冲压生产所用的模具，如图 4-2 所示。冲模由上模和下模两部分组成，上模固定在冲床滑块上并可随滑块一起做上下运动，下模用螺栓固定在工作台上。上模主要由凸模、上模座、导套和凸模固定板组成，凸模通过凸模固定板固定在上模的模座上。下模主要由凹模、凹模固定板、导柱、挡料销、导料板和卸料板组成，凹模通过凹模固定板固定在下模的模座上。导料板和挡料销用来控制坯料的送进量和送进方向。导套和导柱是冲模的导向装置，用于保证上、下模能准确定位。

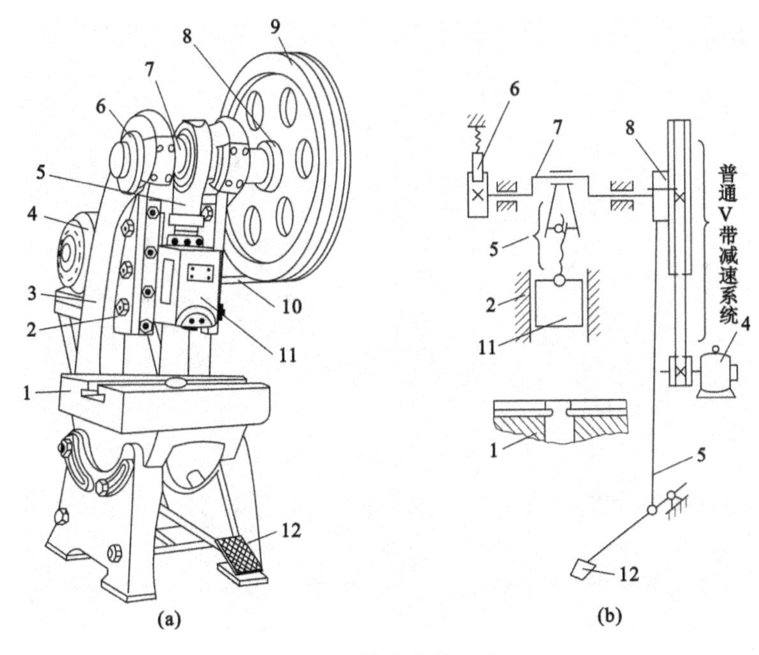

图 4-1　单动曲轴冲床

(a) 外观图；(b) 传动简图

1—工作台；2—导轨；3—床身；4—电动机；5—连杆；6—制动器；
7—曲轴；8—离合器；9—带轮；10—普通 V 带；11—滑块；12—踏板

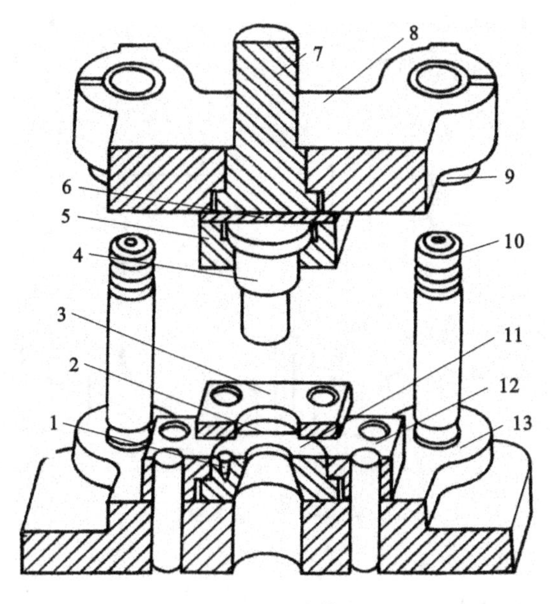

图 4-2　冲模

1—挡料销；2—导料板；3—卸料板；4—凸模；5—凸模固定板；6—垫板；
7—模柄；8—上模座；9—导套；10—导柱；11—凹模；12—凹模固定板；13—下模座

三、任务分析

按图 4-3 所示图样冲压零件。

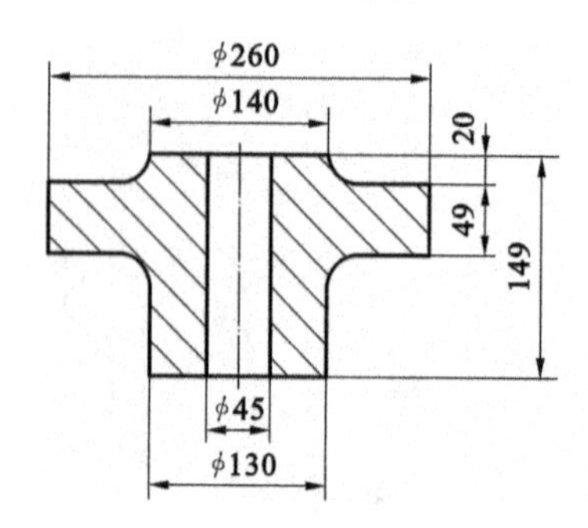

图 4-3　压盖零件图

(1) 弹性变形阶段：冲裁开始时，板料在凸模的压力下，发生弹性压缩、拉伸和弯曲变形。

(2) 塑性变形阶段：凸模继续向下，压力增加，当材料内的应力达到屈服强度时，板料进入塑性变形阶段。

(3) 断裂分离阶段：材料内裂纹首先在凹模刃口附近的侧面产生，紧接着才在凸模刃口附近的侧面产生。

四、任务准备

(1) 冲床、冲压模具。

(2) 锻造工艺如图 4-4 所示。

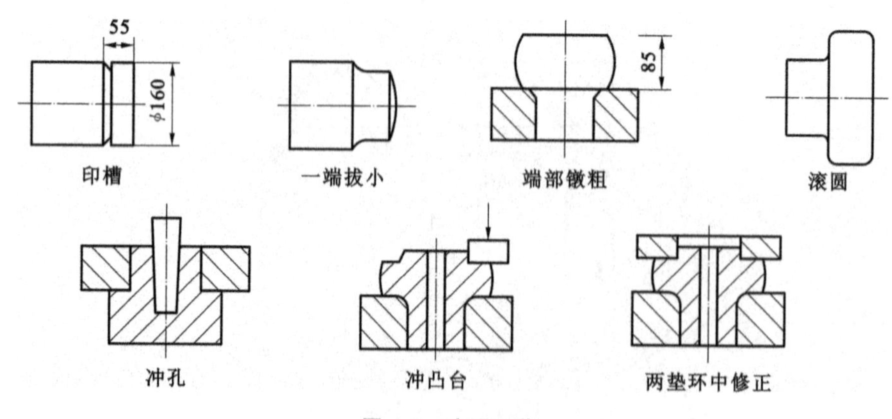

图 4-4　冲压工艺

五、任务实施

(1) 切断面特征如图 4-5 所示。

(2) 切断面特征。

塌角：冲裁过程中刃口附近的材料被牵拉而变形(弯曲和拉伸)的结果。

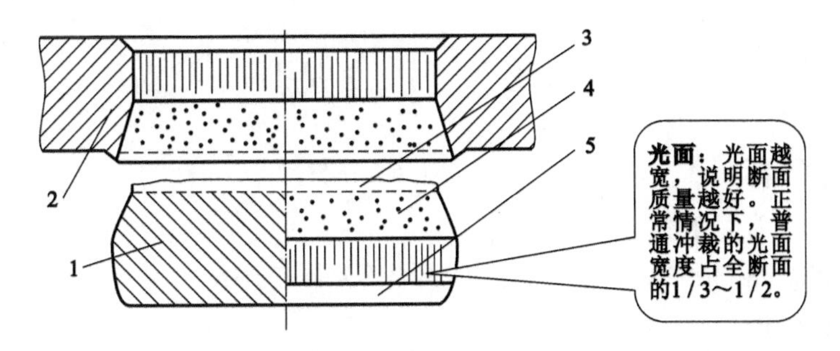

图 4-5　切断面特征

1—冲裁件；2—板料；3—毛刺；4—毛面；5—塌角

光面：紧邻塌角并与板平面垂直的光亮部分。

毛面：表面粗糙且带有锥度的部分，这是由于刃口处的微裂纹在拉应力作用下不断扩展、断裂而形成的。

飞边：在刃口附近的侧面上，材料出现微裂纹时形成的。

六、质量检查

检查加工质量，分析影响加工质量的因素。

七、任务评价

根据表 4-1 进行任务评价。

表 4-1　任务评价表

学习小结：

考核内容	考核要求	分值	学生自评	教师评分
学习态度	遵守学习纪律，不迟到、不早退，学习认真	15		
安全文明生产	正确执行安全文明操作规程，场地整洁，工件和工具摆放整齐	15		
工件尺寸	精度为 0.02 mm	35		
平整度	精度为 0.02 mm	35		
合计		100		

教师寄语：

任务二　钣金加工

一、任务目标

（1）掌握常见的钣金加工方法。

（2）熟悉落料和冲孔、拉深、弯曲、成形等基本工序。

二、背景知识

板料冲压的基本工序有落料和冲孔、拉深、弯曲、成形等。

1. 落料和冲孔

将坯料沿封闭的轮廓分离的工序称为落料和冲孔，如图 4-6 所示。冲孔时以板料的周边及孔为成品，分离部分为废料，而落料则正好相反，它以分离部分为成品，周边为废料。

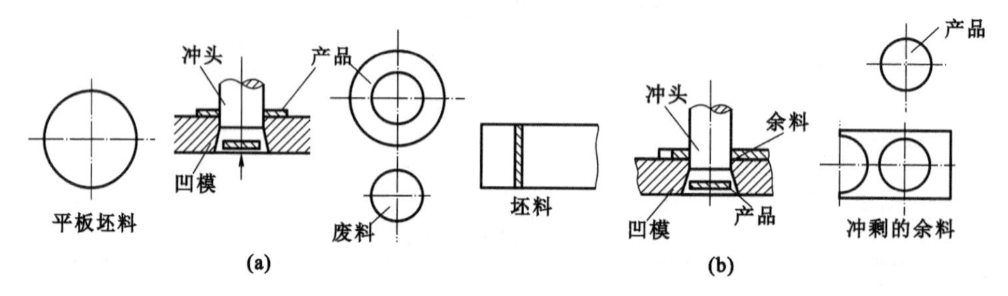

图 4-6　冲孔和落料

(a) 冲孔；(b) 落料

2. 拉深

拉深是使坯料变形成为中空的杯形或盒形成品的工序，图 4-7 所示的为用圆形板料拉成筒形件的拉深变形过程示意图。在拉制很深的工件时，不允许一次拉得过深以免拉穿，应分几次进行，逐渐增加工件的深度，即进行多次拉深。

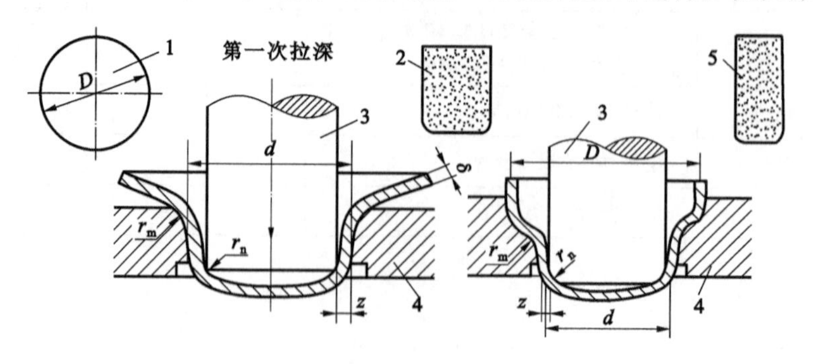

图 4-7　拉深变形

1—毛坯；2—半成品；3—凸模；4—凹模；5—工件

3. 弯曲

弯曲是指将板料、型材或管材等弯成具有一定曲率和角度制件的成形方法，如图 4-8 所示。在弯曲时，坯料受到凸模冲击力的作用而产生大量的塑性变形，并且这些变形均集中在坯料与凸模相接触的狭窄区域内，变形的坯料内侧受压应力的作用，外侧受拉应力的作用。弯曲半径 r 越小，应力越大，拉应力超过坯料的抗拉强度就会造成坯料的开裂，为了避免出现裂纹，除了选择合适的材料和限制最小弯曲半径 $r_{\min}$，使 $r_{\min} \geqslant (0.1 \sim 1)\delta$ 外，弯曲方向还应与坯料的流线方向一致。

4. 成形

成形是指利用局部变形使坯料或半成品改变形状的工序，图 4-9 所示的为带有鼓肚的容器的成形简图，它利用橡皮芯子来增大预先拉深成筒形的半成品的中间部分。

5. 收口

收口是指使拉深成品的边缘部分的直径减小的工序，如图 4-10 所示。图 4-10所示加工中 d_0 为拉深成品的平均直径，d 为收口部分的平均直径。

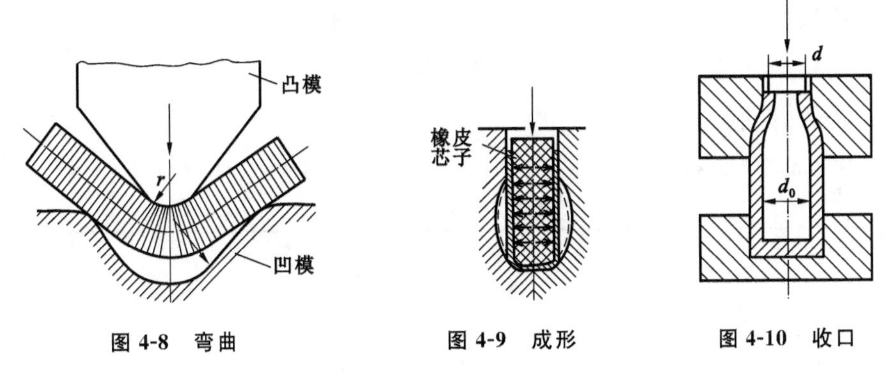

图 4-8　弯曲　　图 4-9　成形　　图 4-10　收口

三、任务分析

（1）模具结构简单，安装、调整较方便，定位精度高，可根据制件质量逐步调整模具而获得较高精度的制件。

（2）板料冲压的定位原理是，坯料由定位板固定定位，也可利用托料板上的定位销对坯料上的孔（或工艺孔）定位。

坯料通过定位、压料进入凹模内成形，弯曲时托料板始终压紧坯料，因此弯曲件底部平整。在 U 形件两直角边高度不同时，利用工艺孔定位，也能保证弯边高度尺寸。

四、任务准备

（1）根据实训要求，选取正确的模具、板料材料及尺寸。

（2）选取正确的模具、板料材料及夹具。

（3）按照弯曲钣金的加工顺序加工工件。

五、任务实施

（1）上模下行与坯料和有着预紧力的托料板接触后继续下行，使坯料在凸模和托料板之间一直处于压紧状态。

（2）弯曲过程：坯料通过定位、压料进入凹模内成形，弯曲时托料板始终压紧坯料，因此弯曲件底部平整。在U形件两直角边高度不同时，利用工艺孔定位，也能保证弯边高度尺寸。

（3）顶出过程：坯料在凹模内成形后，上模回程，弯曲后的零件就在弹顶器的作用下通过顶杆和顶板顶出。

（4）坯料由定位板定位，上模下行，与坯料和压料板接触后继续下行，使坯料始终在凹模和压料板之间处于压紧状态，坯料接触凸模后进入凹模开始拉深。

（5）拉深原理：上模继续下行，使坯料接触凸模后进入凹模开始拉深，至坯料完全脱离压料板时拉深结束。拉深后的制件壁厚均匀，质量较高。

（6）顶出原理：拉深结束后，上模回程至最高点，依靠压力机上的打料机构将制件从凹模中推出。

六、质量检查

检查加工质量，分析影响加工质量的因素。

七、任务评价

根据表4-2进行任务评价。

表4-2 任务评价表

学习小结：

考核内容	考核要求	分值	学生自评	教师评分
学习态度	遵守学习纪律，不迟到、不早退，学习认真			
安全文明生产	正确执行安全文明操作规程，场地整洁，工件和工具摆放整齐			
工件尺寸	精度为0.02 mm			
平整度	精度为0.02 mm			
弯曲度(90°)公差	±1°			
加工刀口半径$R3$公差	±0.1 mm			
合计				

教师寄语：

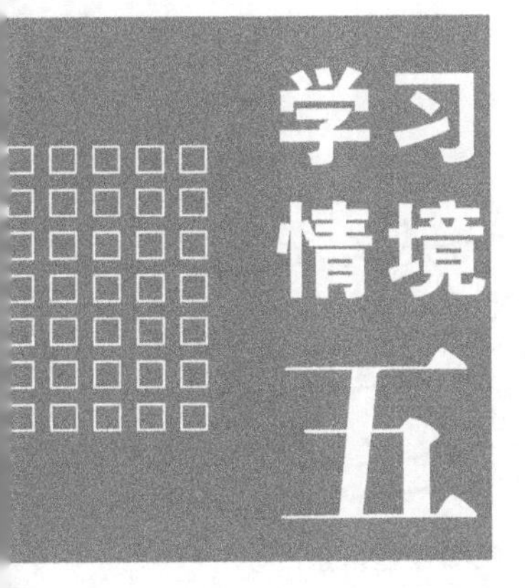

焊接加工

焊接是通过加热或加压，使两个及两个以上分离的金属零件通过原子结合而形成永久性连接的材料成形方法。根据焊接过程金属所处的状态不同，焊接方法分为熔焊、压焊和钎焊三种类型。

焊接的优点是连接性能好，省工省料，成本低，质量小，可简化工艺等，其缺点是不可拆卸，焊接接头组织和性能受影响，易产生焊接应力、变形和缺陷等。

任务一　连接焊接装备

一、任务目标

了解焊条电弧焊和气焊的工艺过程、特点和应用，掌握焊接装备的连接和调整方法。

二、背景知识

（一）焊接工艺

1. 焊条电弧焊

焊条电弧焊是利用焊条与焊件之间产生的电弧热将两者同时熔化以实现焊接的手工焊接方法，其工艺如图 5-1 所示。

焊接时工件与焊条分别与电焊机相连，在外电场的作用下工件和焊条之间产生电弧。电弧的弧柱区温度高达 5 000～8 000 K，阴极区温度达2 400 K，阳极区温度达 2 600 K。高温使工件接头处局部熔化，也使焊条端部不断熔化并滴入焊件接头空隙中，形成金属熔池。当焊条移开后，熔池金属很快冷却凝固成焊缝，使两部分工件牢固连接。

2. 气焊

气焊是利用乙炔和氧气混合燃烧产生的高温火焰将焊件和焊丝熔化进行焊接的焊接方法，其工艺如图 5-2 所示。

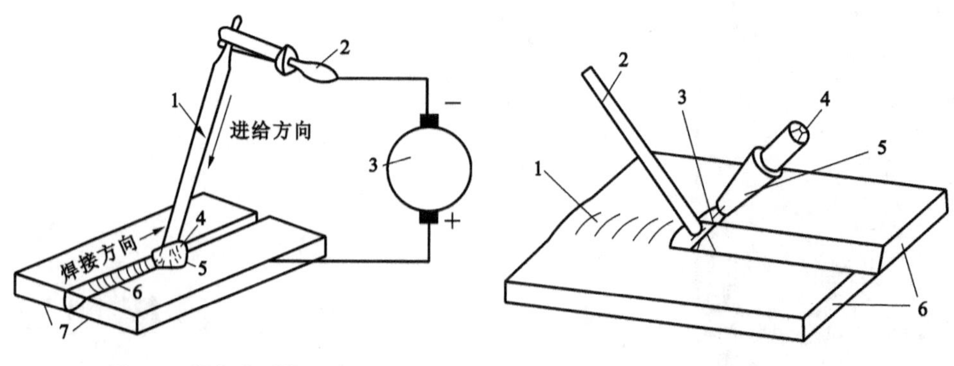

图 5-1　焊条电弧焊示意图

1—焊条；2—焊钳；3—电焊机；
4—电弧；5—熔池；6—焊缝；7—焊件

图 5-2　气焊过程示意图

1—焊缝；2—焊接填充材料；3—气体火焰；
4—燃烧气体；5—焊炬；6—工件

焊接时可燃气体乙炔和助燃气体氧以一定比例混合后，从焊嘴喷出，点燃后形成约 3 100 ℃的高温火焰，将工件局部加热到一定温度，并使焊丝熔化，在工件接头边缘形成熔池，再用火焰将接头吹平，移动焊嘴和焊丝，待熔池冷却凝固后形成焊缝。

3. 气割

气割（见图 5-3）是利用氧-乙炔混合气体燃烧形成的火焰将金属需要切割的部位加热到燃点后切割，氧气流使金属氧化，形成金属氧化物熔渣，并用高压氧将氧化物吹除，形成割缝的过程。

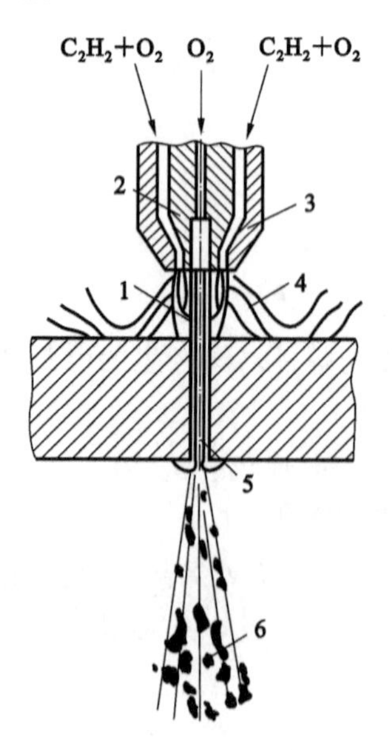

图 5-3　气割过程示意图

1—切割氧；2—割嘴；3—预热嘴；4—预热焰；5—割缝；6—氧化渣

气割所用的设备与气焊所用的基本相同，不同的是气割用的是割炬。常用的割炬的结构如图 5-4 所示，它由预热部分和切割部分组成。预热部分与焊炬的相同，切割部分由切割氧调节阀、切割氧通道和割嘴等组成，割嘴的中心是切割氧喷孔。

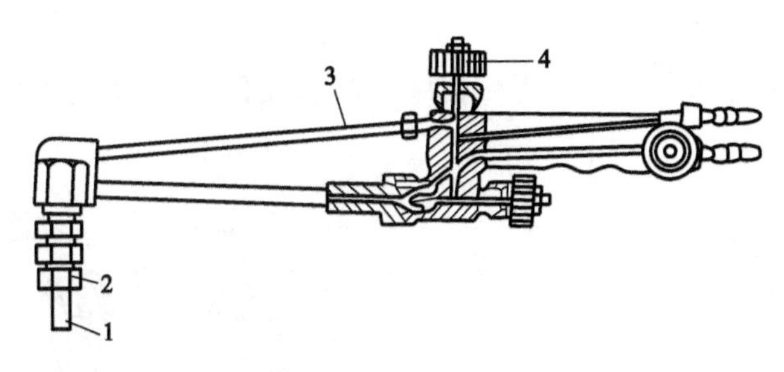

图 5-4　割炬的结构图

1—割嘴；2—割嘴螺母；3—切割氧通道；4—切割氧调节阀

（二）焊接装备

1. 焊条电弧焊设备

1）电弧焊机

电弧焊机分为交流电焊机（见图 5-5）和直流电焊机（见图 5-6）。

交流电焊机供给电弧的是交流电。其优点是结构简单，价格便宜，使用可靠，维修方便，噪声小；其缺点是焊接时电弧不稳定。在没有特殊要求的情况下，应尽量选用交流电焊机。

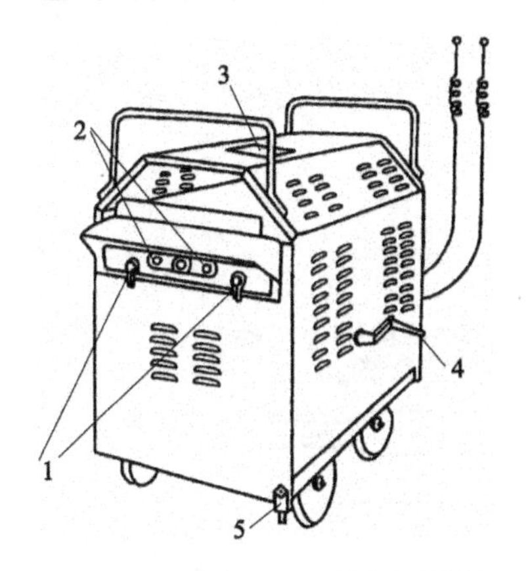

图 5-5　交流电焊机（弧焊变压器）

1—焊接电源两极（接工件和焊条）；
2—线圈抽头（粗调电流）；3—电流指示盘；
4—调节手柄（细调电流）；5—接地螺钉

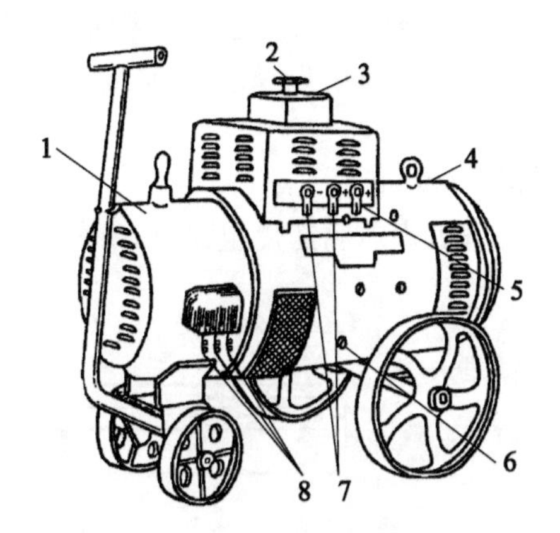

图 5-6　直流电焊机

1—交流电动机；2—调节手柄（细调电流）；
3—电流指示盘；4—直流发电机；
5—正极抽头（粗调电流）；6—接地螺钉；
7—焊接电源两极（接工件和焊条）；8—接交流电源

直流电焊机由交流电动机和直流发电机组成的，电动机带动直流发电机旋转，向焊接电弧供给直流电。其优点是引弧容易，电弧稳定，焊接质量较好；其缺点是结构较复杂，价格较贵，维修困难，噪声大。它一般应用于对焊接质量要求高或薄板、非铁金属、铸铁、特殊钢件的焊接。直流电焊机的接法有正接法和反接法两种：正接法是焊件接正极、焊条接负极，反接法是焊件接负极、焊条接正极。反接法的特点是焊件温度较低，适用于薄板和非铁金属的焊接。

2）焊条电弧焊工具

常用的焊条电弧焊工具有焊接电缆、焊钳（见图 5-7）、面罩（见图 5-8）、清渣锤、钢丝刷等。

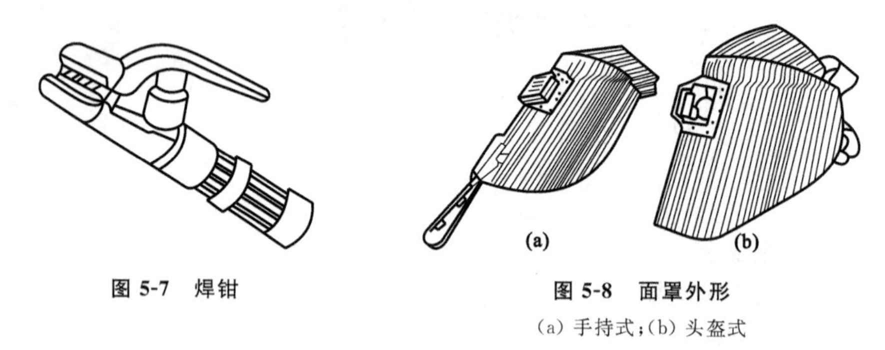

图 5-7　焊钳

图 5-8　面罩外形

(a) 手持式；(b) 头盔式

(1) 焊接电缆是用来传导电流的导线，共有两根，分别由电焊机的两侧引出，一根接到焊钳上（俗称“把线”），一根接到被焊工件上（俗称“地线”）。

(2) 焊钳用以夹持焊条、连接焊接电缆。

(3) 面罩用以保护眼睛、面部和颈部皮肤，防止飞溅和弧光灼伤。

(4) 清渣锤用以清除焊缝表面的焊渣。

(5) 钢丝刷用以清除焊前接头处的锈斑和脏物，清刷焊后焊缝表面及飞溅物。

3）焊条

焊条由焊芯和药皮组成，如图 5-9 所示。

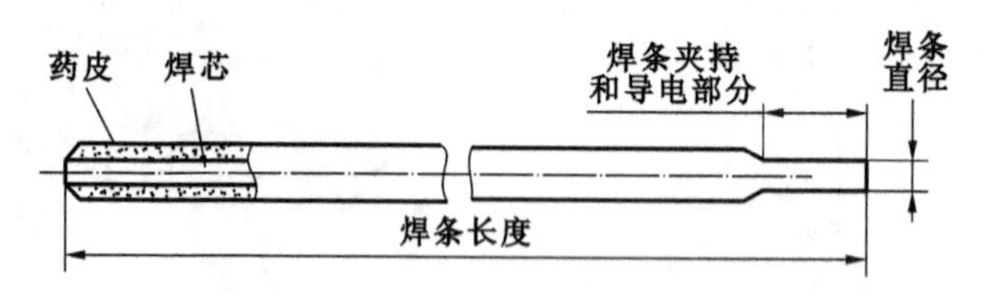

图 5-9　焊条

焊芯是一根具有一定直径和长度、经过特殊冶炼的专用金属丝，其主要作用是，导电并产生电弧，熔化后作为填充金属进入熔池，与熔化的母材一起形成焊缝。

药皮是压涂在焊芯表面上的涂料层，其主要作用是：利于引弧，稳定电弧，减少飞溅，易于脱渣；利用药皮熔化产生的熔渣及同时产生的气体隔绝空气，保护焊缝；脱除硫、氧、磷等有害杂质，补偿烧损的合金元素，提高焊缝的力学性能。

焊条选用是否恰当，对焊条质量、产品成本和劳动生产率都有很大的影响。

2. 气焊装备

气焊设备由乙炔瓶、氧气瓶、减压器、焊炬等组成，各设备的连接如图 5-10 所示。

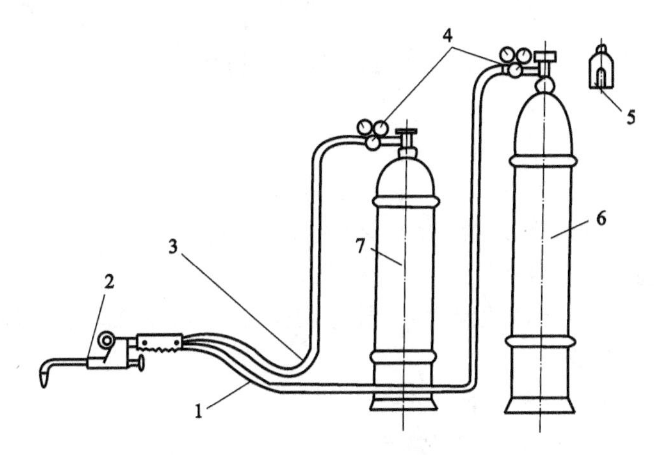

图 5-10　气焊设备

1—氧气胶管(黑色)；2—焊炬；3—乙炔胶管(红色)；4—减压器；5—瓶帽；6—氧气瓶；7—乙炔瓶

(1) 乙炔瓶　乙炔瓶表面为白色，喷有红色“乙炔”字样。

(2) 氧气瓶　氧气瓶表面为天蓝色，喷有黑色“氧气”字样。

(3) 减压器　减压器的作用是将气体从气瓶内的高压降到所需工作压力，并保持工作压力稳定，其结构如图 5-11 所示。减压器上可显示气瓶内及减压后气体的压力。

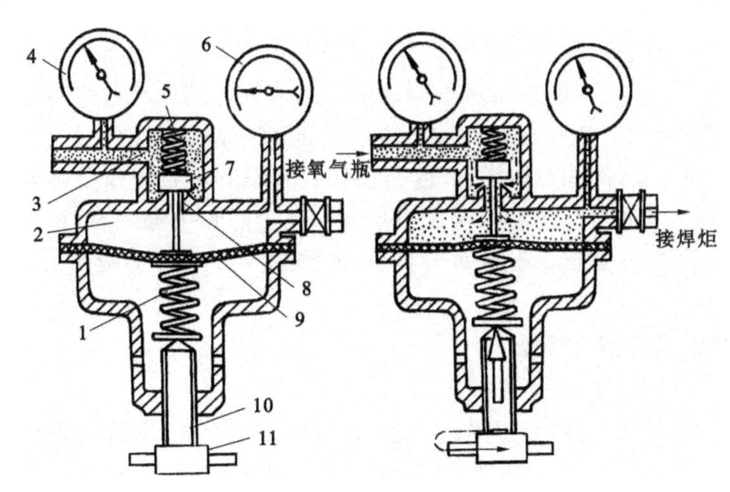

图 5-11　减压器的结构

1—调压弹簧；2—低压室；3—高压室；4—高压表；5—活门弹簧；
6—低压表；7—活门；8—通道；9—薄膜；10—调压螺钉；11—调压手柄

(4) 焊炬　焊炬的作用是将氧气和乙炔均匀混合，调节混合气体的比例和流量，以形成适合焊接要求的稳定火焰，其结构如图 5-12 所示。

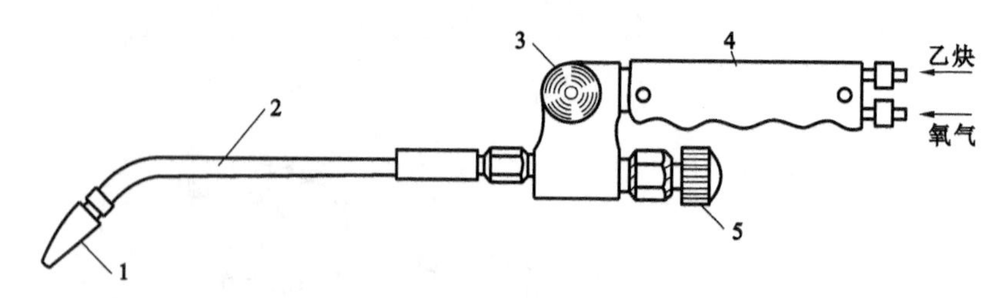

图 5-12　焊炬

1—焊嘴；2—混合管；3—乙炔阀门；4—手柄；5—氧气阀门

(三) 焊前安全检查

焊接操作具有一定的危险性，为杜绝安全隐患，必须在焊前对焊接场地、焊接工具进行安全检查。

1. 焊接场地的安全检查

(1) 设备、工具、材料应排列整齐。

(2) 场地应设置必要的通道。车辆通道宽度不小于 3 m，人行通道宽度不小于 1.5 m。

(3) 气焊胶管、焊接电缆不可缠绕，在工作场地气瓶不得随便摆放，气瓶使用完毕后应移出工作场地。

(4) 焊接作业面积应不小于 4 m^2，地面应干燥，工作面照度应达到 50～100 lx。

(5) 室内作业应通风良好；多点焊接作业或与其他工种混合作业时，各工位之间应设防护屏。

(6) 焊割场地周围 10 m 范围内各类可燃、易爆物品应清除干净。如不能清除干净，应采取可靠措施，如用水喷淋或用防火盖板、湿麻袋、石棉布等覆盖。对于焊割场地附近的可燃材料，需预先采取安全措施以隔绝火花。

(7) 室外作业(例如在地沟、坑道、检查井、管段和半封闭地段等处作业)时，应当用测爆仪、有毒气体分析仪等严格检查有无爆炸和中毒危险，禁止用明火或其他不安全的方法检查。附近敞开的孔洞和地沟应用石棉板覆盖，防止火花进入。

2. 焊接工具的安全检查

(1) 电焊机外壳应接地良好。

(2) 检查焊接电缆两端与焊机、焊钳的连接是否牢固，电缆的绝缘胶皮是否完好。

(3) 检查橡皮胶管两端与减压器、焊炬的连接是否牢靠，是否有漏气或严重老化现象。

(4) 检查面罩和护目玻璃是否遮挡严密，有无漏光现象。

三、任务分析

(1) 连接并调整焊条电弧焊设备,进行焊接试操作。

(2) 连接并调整气焊设备,进行焊接试操作。

四、任务准备

(1) 准备焊接场地,进行焊前安全检查。

(2) 准备相关的焊接工具,进行焊前安全检查。

五、任务实施

(1) 根据图 5-4、图 5-5 连接焊条电弧焊设备,练习调整电流、夹持焊条,进行焊接试操作。

(2) 根据图 5-7 连接气焊设备,练习使用减压器、调整氧气阀,并练习使用点火枪,进行焊接试操作。

六、质量检查

检查操作过程和效果,分析保证安全生产和操作质量的因素。

七、任务评价

根据表 5-1 进行任务评价。

表 5-1 任务评价表

学习小结:

考核内容	考核要求	分值	学生自评	教师评分
学习态度	遵守学习纪律,不迟到、不早退,学习认真	10		
安全文明生产	正确执行安全文明操作规程,场地整洁,工件和工具摆放整齐	10		
连接并调整电弧焊设备	设备连接正确,焊接电流调整适当	20		
电弧焊试操作	防护用品齐全、使用正确,焊条夹持正确,焊接操作姿势正确	20		
连接并调整气焊设备	设备连接正确,减压阀、氧气阀、点火枪操作规范	20		
气焊试操作	防护用品齐全、使用正确,焊接操作姿势正确	20		
合 计		100		

教师寄语:

任务二 焊条电弧焊加工

一、任务目标

熟悉焊条电弧焊设备的使用方法，熟悉焊条电弧焊的方法和安全操作规范。

二、背景知识

（一）焊接规范

焊接规范主要包括焊条直径、焊接电流和焊接速度的选择。

1. 焊条直径的选择

焊条直径的选择应根据焊件的厚度、焊缝的空间位置和接头形式，参照表5-2进行选择。

表5-2 焊条直径与焊件厚度的关系

焊件厚度/mm	2	3	4～5	6～12	≥13
焊条直径/mm	2	3.2	3.2～4	4～5	5～6

2. 焊接电流的选择

焊接电流的大小对焊件的质量有很大的的影响：电流过大，会使焊条药皮失效，同时会使金属的熔化速度加快，加剧金属的飞溅，易造成焊件烧穿、咬边等缺陷；电流过小，会造成夹渣、未焊透等缺陷，降低焊接接头的力学性能。

焊接电流的选择主要根据焊条的直径和焊缝的位置来确定，焊接电流与焊条直径的关系一般可按下列经验公式计算：

$$I=(30\sim 55)D$$

式中：I为焊接电流，单位为A；D为焊条直径，单位为mm。

选择焊接电流还要考虑焊缝的空间位置：焊接平焊缝时可以选择较大的电流，而横焊、立焊和仰焊时的电流要比平焊时的小10%～20%。

3. 焊接速度的选择

焊条沿焊接方向移动的速度称为焊接速度。焊接速度对焊接质量影响很大，一般在保证焊透和焊缝良好成形的前提下快速施焊。焊速过快，易产生焊缝的熔深小、焊缝窄及焊不透等缺陷；焊速过慢，容易将焊件焊穿。

（二）焊条电弧焊基本操作技术

1. 引弧

引弧的方法有擦划法和敲击法两种，其中前者较易掌握，适宜于初学者。两种引弧方法如图5-13所示。

将焊条对准焊件敲击或像划火柴似的在焊件表面轻轻划擦，引燃电弧，然后迅速将焊条提起2～4 mm，使之稳定燃烧。

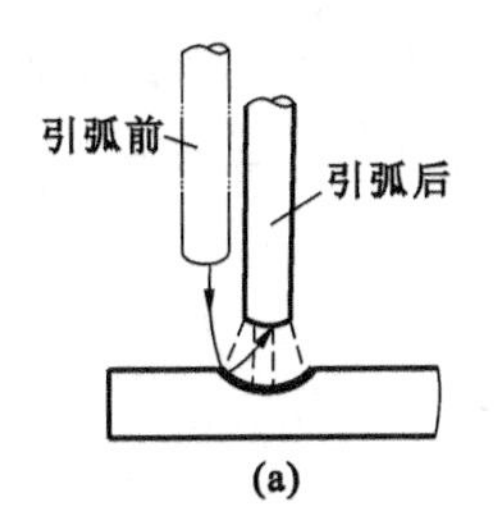

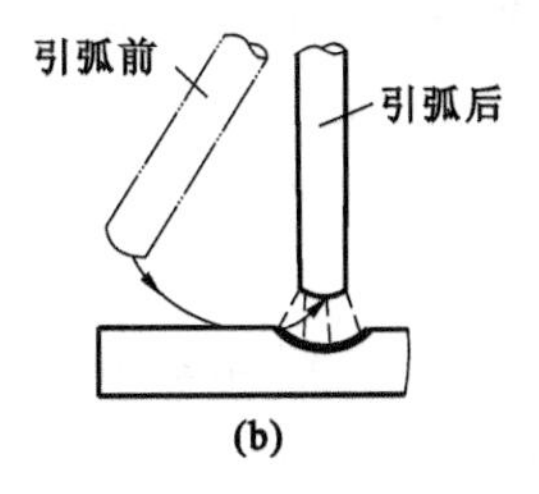

图 5-13　引弧方法

(a) 敲击法;(b) 擦划法

注意:引弧时,焊条提起速度要快,否则容易黏在工件上(俗称"黏条"),可将焊条左右晃动后拉开。若拉不开,应松开焊钳,切断焊接电路。

2. 运条

电弧引燃后,焊条有三个基本动作:朝熔池方向的逐渐送进,沿焊接方向的逐渐移动及横向摆动。焊条的运动如图 5-14 所示。

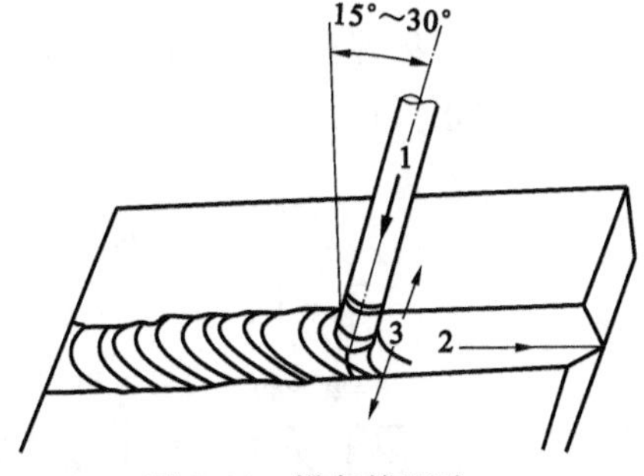

图 5-14　焊条的运动

1—向熔池方向送进;2—沿焊接方向移动;3—横向摆动

焊条朝熔池方向逐渐送进,是为了向熔池添加金属,也是为了继续保持焊条熔化后的电弧长度,因此焊条送进的速度应当与焊条熔化的速度相同,否则会发生断弧或焊条黏在焊件上的现象。

焊条沿焊接方向逐渐移动,将形成一条焊道。焊条移动时应与正前方成 70°～80°的夹角,以便将熔化金属和熔渣推向后方,避免夹渣等缺陷。焊条移动的速度不宜太慢或太快。

焊条的横向摆动是为了对焊件输入足够热量,以便排气、排渣,并获得一定厚度的焊缝或焊道。焊条摆动的范围根据焊件的厚度、坡口形式、焊缝层次和焊条直径等决定。

3. 焊道连接

一条完整的焊缝往往是由若干焊条焊接而成的,每根焊条焊接的焊道应有完好的连接。一般常用头尾法连接,即在先焊的焊道弧坑前面约 10 mm 处引弧,将拉长的电弧缓慢移到原弧坑处,当新形成的熔池外缘与原弧坑外缘相吻合时,压低电弧,焊条再做微微转动;待填满弧坑后,焊条立即向后移动,进行正常焊接。注意:更换焊条的速度要快。

4. 焊道收尾

焊道收尾时,为了不出现尾坑,焊条应停止向后移动,采用划圈收尾法或反复断弧法自下而上慢慢拉断电弧,以保证焊缝尾部成形质量。划圈收尾是指在焊条移到焊道终点时,利用手腕的动作做圆周运动,直到填满弧坑再拉断电弧。

该方法适用于厚板焊接。反复断弧法是在焊条移到焊道终点时，在弧坑处反复熄弧、引弧数次，直到填满弧坑为止。该方法适用于薄板及大电流焊接，但不适用于碱性焊条。

5. 焊后清理

焊接结束后，用敲渣锤、钢丝刷清渣，检查焊缝质量。

（三）焊件接头与焊件坡口

1. 焊接接头

焊接接头有对接、角接、丁字接、搭接等形式。其中，对接接头是应用最多的一种接头形式。

2. 焊件坡口

为了保证焊透，厚工件焊前需把接头边缘加工成一定的形状，称为坡口。

焊接接头形式和焊件坡口形式如图 5-15 所示。

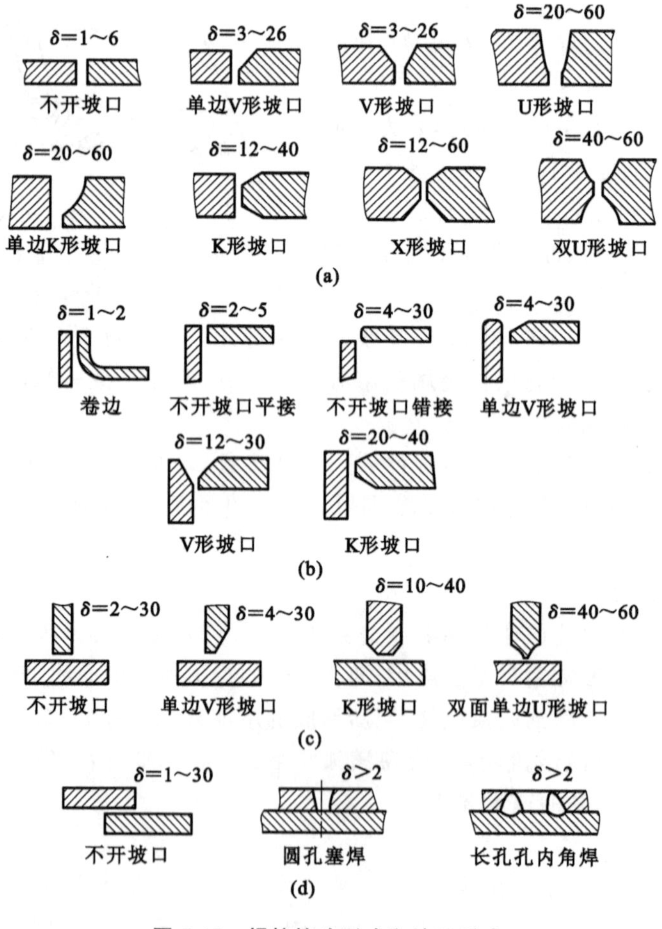

图 5-15　焊接接头形式和坡口形式

(a) 对接接头；(b) 角接接头；(c) 丁字接接头；(d) 搭接接头

3. 焊缝空间位置

如图 5-16 所示，按焊缝在空间位置的不同，可分为平焊、立焊、横焊和仰焊。

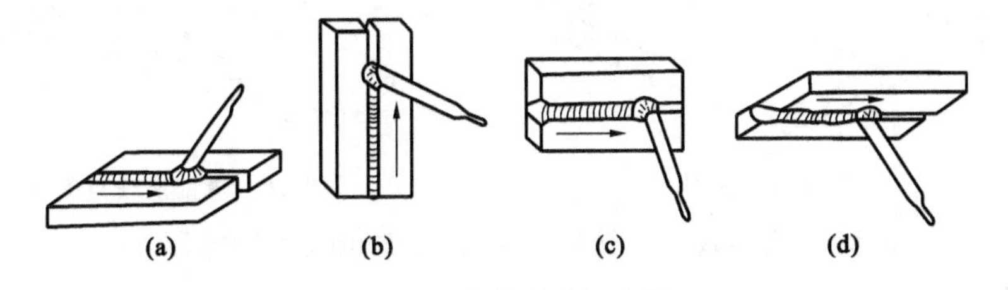

图 5-16 焊缝的空间位置

(a) 平焊；(b) 立焊；(c) 横焊；(d) 仰焊

(四) 焊接安全操作规定

(1) 牢固树立“安全第一、预防为主”的思想，严格遵守安全管理制度和安全操作规程。

(2) 焊接操作者要穿戴齐全防护用品，并符合安全要求。

(3) 电缆不能破损、裸露，人体不能同时触及焊机的输出两端，防止触电。

(4) 不能用手摸刚焊好的工件。

(5) 敲渣时应注意安全保护，防止焊渣溅起伤害自己和他人。

三、任务分析

根据图 5-17 要求，选择焊条、焊接电流和焊接方法，连接并调整焊接设备，进行焊条电弧焊加工（平敷焊）。平敷焊是在平焊位置上堆敷焊缝的一种焊接方法，操作包括引弧、运条、连接、收尾四个基本动作。

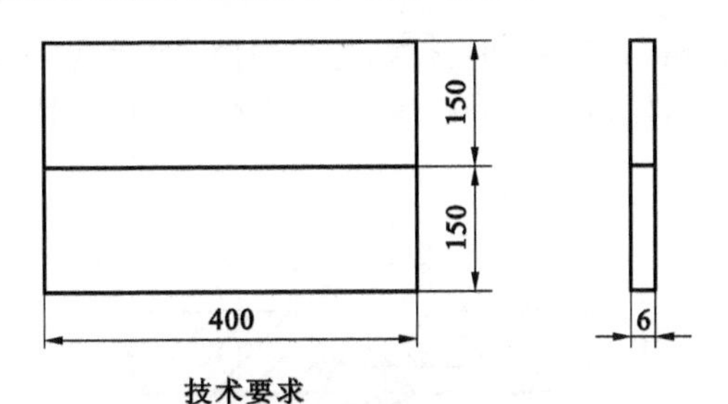

技术要求
1.焊条电弧焊平敷焊接。
2.焊缝宽5～8 mm，余高1.5 mm。
3.要求焊缝基本平直。

图 5-17 焊条电弧焊板件图

四、任务准备

(1) 备料。划线、下料、校正，坯料尺寸如图 5-18 所示。

(2) 选择是否加工坡口。由于本焊件厚度为 6 mm，所以不需加工坡口。

(3) 焊前清理。清除焊缝周围的铁锈、油污和水分，清理范围如图 5-19 所示。

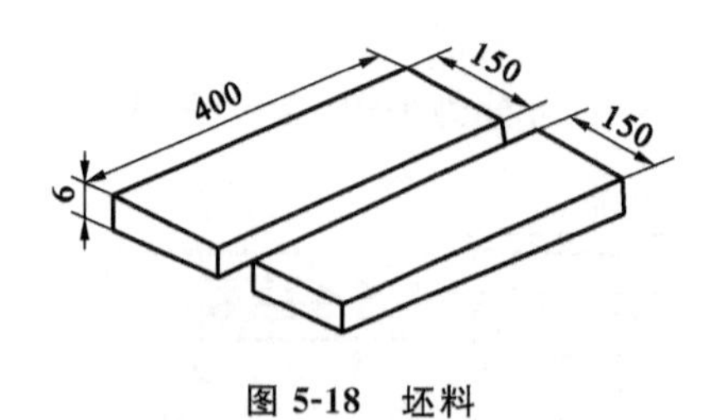

图 5-18　坯料

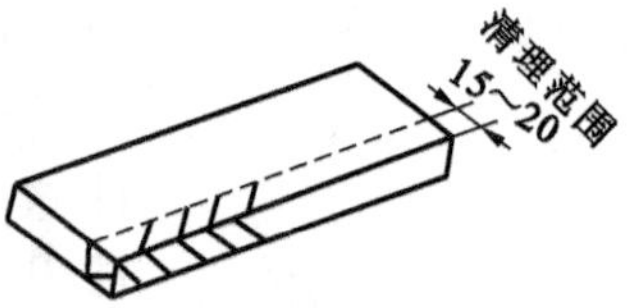

图 5-19　焊前清理范围

(4) 确定焊接工艺参数。选择焊条直径 3.2 mm、焊接电流 110～140 A、短弧焊接。

(5) 点固。将焊件摆正,留适当缝隙。为固定两工件的相对位置,焊前进行定位点焊,称为点固,如图 5-20 所示。点固后除渣。

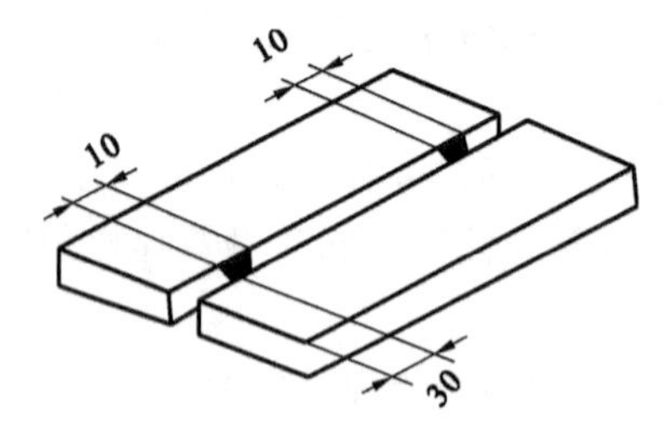

图 5-20　点固

五、任务实施

(1) 连接并调整设备。先将焊件和焊钳接到电焊机的两极上,用焊钳夹持焊条。

(2) 引弧。将焊条与工件瞬时接触,造成短路,然后迅速提起焊条,使焊条与工件保持 2～4 mm 距离,引燃电弧,形成微小的熔池,形成焊缝。焊缝尺寸如图 5-21所示。

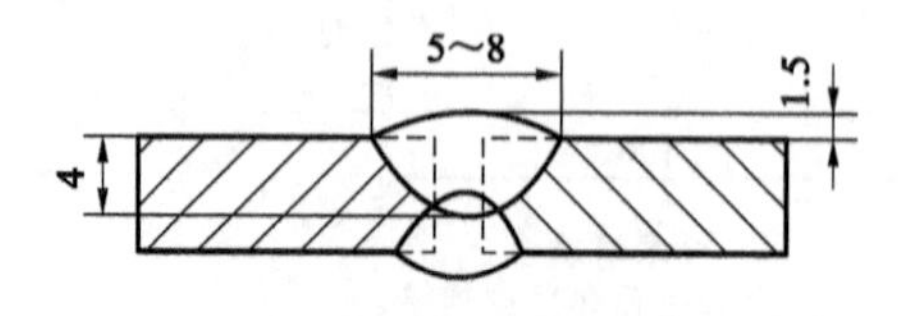

图 5-21　焊缝尺寸

(3) 运条。将焊条以一定的角度沿焊接方向移动,不断产生新熔池,原先熔池不断冷却凝固。采用直线形运条法运条,注意观察熔池温度,随时调整焊条角度与焊速。

(4) 焊缝收尾。采用划圈收尾法或反复断弧法收尾,焊后除渣。

(5) 翻转工件进行封底焊,方法同上。

(6) 焊后清渣。

六、质量检查

检查焊接操作过程和效果，分析保证安全生产和焊接质量的因素。

七、任务评价

根据表 5-3 进行任务评价。

表 5-3　任务评价表

学习小结：

考核内容	考核要求	分值	学生自评	教师评分
学习态度	遵守学习纪律，不迟到、不早退，学习认真	10		
安全文明生产	正确执行安全文明操作规程，场地整洁，工件和工具摆放整齐	10		
任务准备	选择焊接规范适当，点固操作规范	10		
连接与调整设备	连接设备正确，调整设备操作规范	10		
引弧	引弧操作规范	10		
运条	运条操作规范，速度合理	10		
收尾	收尾操作规范	10		
焊后清渣	清渣工具使用规范，清渣效果好	5		
焊缝质量	焊缝宽 5～8 mm，焊缝基本平直，焊缝余高约 1.5 mm	25		
合　计		100		

教师寄语：

任务三　气焊加工

一、任务目标

熟悉气焊设备的使用方法，熟悉气焊方法和安全操作规范。

二、背景知识

（一）气焊基本操作

1. 点火、调节及灭火

先打开氧气阀门，再打开乙炔阀门，点燃火焰（此时为碳化焰），然后开大氧气阀门，火焰开始变短，当调到两层刚好重合在一起时，即为所需要的中性焰。灭火时，先关乙炔阀门，后关氧气阀门。气焊火焰由焰心、内焰和外焰组成。改变氧气和乙炔的体积比例，可获得如图 5-22 所示的三种不同性质的火焰。

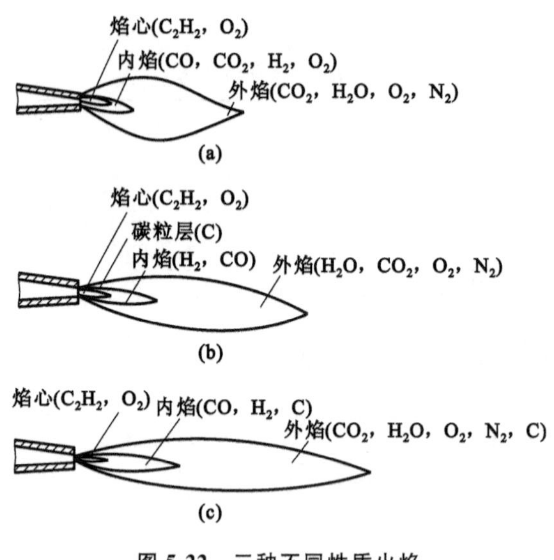

图 5-22　三种不同性质火焰

(a) 氧化焰；(b) 中性焰；(c) 碳化焰

2. 焊道的起头

焊接薄板时一般选用左向焊法，即用右手握焊炬、左手握焊丝，两手配合沿焊缝向左焊接。焊接厚度较大的焊件时一般选用右向焊法，即焊丝和焊炬向右移动。

气焊具体操作为：将火焰调整到中性焰，自工件始端开始加热，焊炬倾角为 50°～70°，火焰指向待焊部位，焊丝的端部置于火焰的前下方，距焰心 3 mm 左右，如图 5-23 所示。开始加热时，注意观察熔池的形成，且焊丝端部应稍加预热，待熔池形成时即可熔化焊丝，将焊丝熔滴滴入熔池后，将焊丝抬起，形成新的熔池。

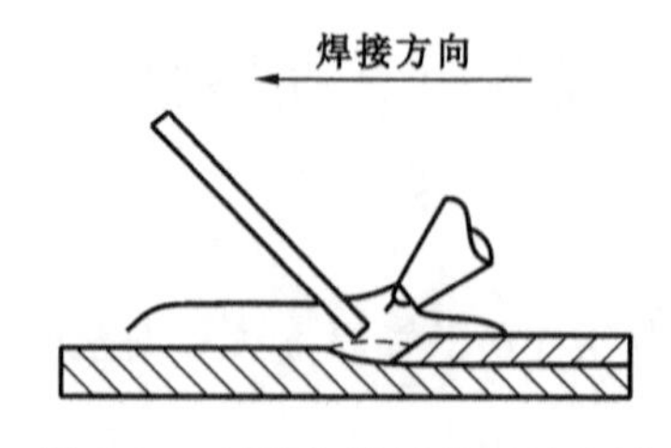

图 5-23　焊炬与焊丝端部的位置

3. 焊炬和焊丝的移动

焊接过程中，焊炬倾角为 30°～50°，焊炬和焊丝应做均匀的摆动，既能将焊缝边缘较好地熔透，又能控制好液态金属的流动以形成良好的焊缝。焊炬和焊丝要做沿焊接方向、横向摆动和垂直方向送进三个方向的运动。焊炬和焊丝的摆动方向如图5-24所示。

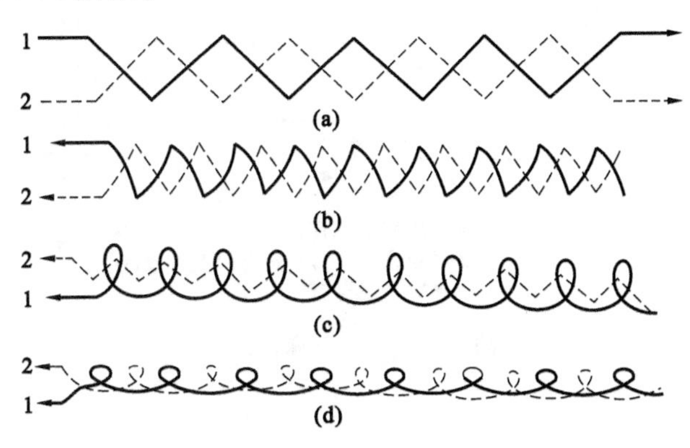

图5-24　焊炬和焊丝的摆动方向

(a)(b)(c) 焊较厚件；(d) 焊薄件

1—焊炬；2—焊丝

4. 焊道接头

焊接过程中，中途停顿后继续焊接时，应使火焰将原熔池重新加热熔化形成新的熔池后再重新焊接，每次焊道与前焊道重叠5～10 mm，重叠部分要少加或不加焊丝。

5. 焊道收尾

当焊到焊缝终点时，由于温度高、散热条件差，应减小火焰与焊件的倾角（焊炬倾角为20°～30°），并加快焊接速度，填满熔池后再将焊丝移开，用外焰保护熔池2～3 s，再将火焰移开。

6. 焊后清理

焊后用钢丝刷对焊缝进行清理，检查焊缝质量。焊缝不可有焊瘤、烧穿、凹陷、气孔等缺陷。

（二）气焊安全注意事项

(1) 严禁接触油脂等易燃物。

(2) 遇到回火时立即关闭乙炔阀门，然后查找原因，及时采取相应措施。

(3) 氧气瓶、乙炔瓶、减压器严禁用火加热，防止在阳光下暴晒。

(4) 氧气瓶不能与乙炔瓶放在一起，应保持5 m以上距离。乙炔与空气或氧气混合时易引发氧化爆炸，爆炸极限为2.2%～81%；在一定压力下，只要温度合适，乙炔即发生分解爆炸。乙炔最高工作压力不超过147 kPa（表压）。

(5) 搬运、装卸、使用乙炔瓶时应保持乙炔瓶的直立和平稳。

三、任务分析

根据图5-25要求，进行气焊准备并实施气焊操作。

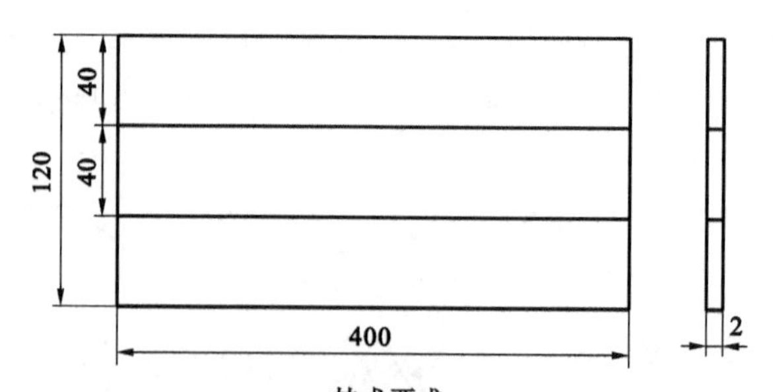

图 5-25　手工气焊板件图

四、任务准备

(1) 备料。划线、下料、校正，准备好 400 mm×40 mm×2 mm 的板料 3 块。

(2) 准备气焊设备、焊丝等。

(3) 焊前清理。将焊件表面的氧化皮、铁锈、油污、脏物等用钢丝刷或纱布进行清理，使焊件露出金属光泽。

(4) 画线。将焊件放置在工位上，保持焊件处于平焊位置，用粉笔在焊件表面沿焊缝位置线画两道平行线。

五、任务实施

(1) 点火。右手握焊炬，拇指放在乙炔开关处，食指放在氧气开关处，其他三指握住焊炬，先逆时针方向旋转打开氧气阀门，用其吹掉气路中残留的灰尘等杂物，然后打开乙炔阀门，点燃火焰。

(2) 调节火焰。刚点燃时，火焰为碳化焰，逐渐开大氧气阀门，将碳化焰调整为中性焰。

(3) 焊接初期：右手握焊炬，左手握焊丝，两手互相配合，沿焊缝向左移动焊接。

(4) 焊接中期：在正常焊接时，焊炬倾角应保持在 40°～50°。

(5) 焊接收尾：在焊接结束时，为了避免烧穿焊件和更好地填满弧坑，焊炬的倾角应减小，右手握焊炬，左手拿焊丝，加大焊炬倾角，接近垂直于焊件，减小焊嘴与工件的夹角，适当抬高焊嘴。

(6) 灭火。先关闭乙炔阀门，后关闭氧气阀门。

(7) 焊后清理。焊后用钢丝刷对焊缝进行清理，检查焊缝质量。

六、质量检查

检查焊接操作过程和效果，分析保证安全生产和焊接质量的因素。

七、任务评价

根据表 5-4 进行任务评价。

表 5-4　任务评价表

学习小结：

考核内容	考核要求	分值	学生自评	教师评分
学习态度	遵守学习纪律，不迟到、不早退，学习认真	10		
安全文明生产	正确执行安全文明操作规程，场地整洁，工件和工具摆放整齐	10		
任务准备	焊前清理彻底，画线准确	10		
连接与调整设备	连接设备正确，调整设备操作规范	10		
点火与调整火焰	点火操作顺序正确、动作规范，调整火焰规范、到位	10		
焊接过程	焊炬、焊丝位置正确，焊炬倾斜角度随焊接过程变化正确，焊道起头、收尾顺利	20		
焊后清渣	清渣工具使用规范，清渣效果好	5		
焊缝质量	焊缝余高 1～2 mm，宽约8 mm，焊缝平直美观	25		
合　　计		100		

教师寄语：

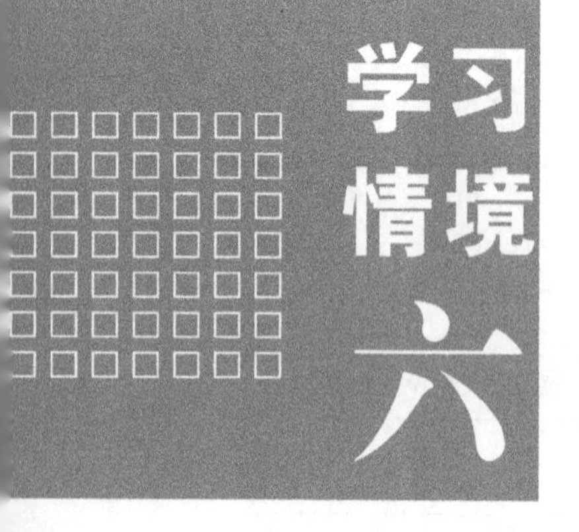

铸造加工

铸造是把金属液体浇注到与零件形状相适应的铸型空腔(简称“型腔”)中，待其冷却凝固后获得毛坯或零件的工艺方法。其优点是：能够一次成形形状复杂的零件；工艺适应性强，铸件的质量、形状、尺寸几乎不受限制；节省金属材料和切削加工成本。但是，它也有缺点，如化学成分欠均匀，力学性能较低，工人的劳动条件差。

铸造包括砂型铸造和特种铸造两大类，特种铸造又分为压力铸造、金属型铸造等。

任务一　手工造型准备

一、任务目标

(1) 熟悉手工造型常用工装、造型工具、修型工具的名称、作用及使用方法。

(2) 掌握配置型砂和芯砂的方法。

(3) 熟悉砂型铸造造型的工艺流程。

二、背景知识

(一) 砂型铸造的基本工艺流程

1. 砂型铸造的原理

直接形成铸型的材料为型砂，且液态金属完全靠重力充满型腔的铸造称为砂型铸造。砂型铸造流程如图 6-1 所示。

2. 铸造工艺图样

铸造工艺图样是在零件图样基础上，根据铸造工艺特点(分型面、起模斜角、加工余量、铸造圆角、收缩余量、芯头、芯座等)绘制出来的。

(二) 常用造型的工艺流程

常用造型的工艺流程如图 6-2 所示。

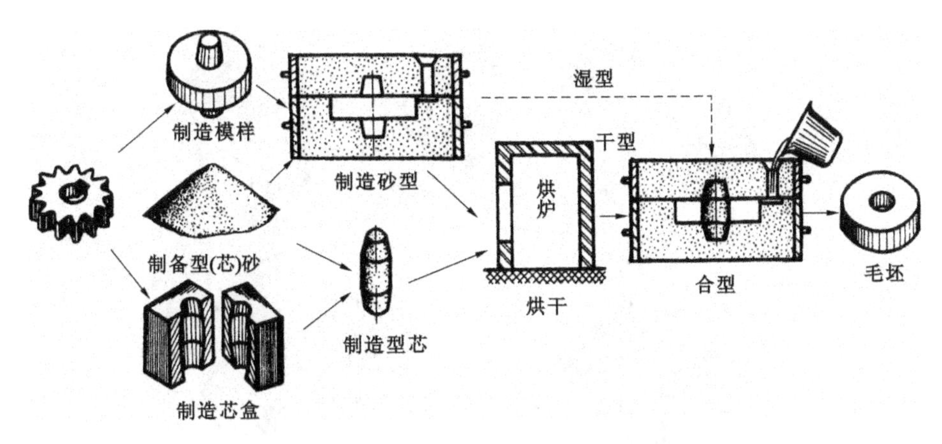

图 6-1　齿轮毛坯的砂型铸造流程

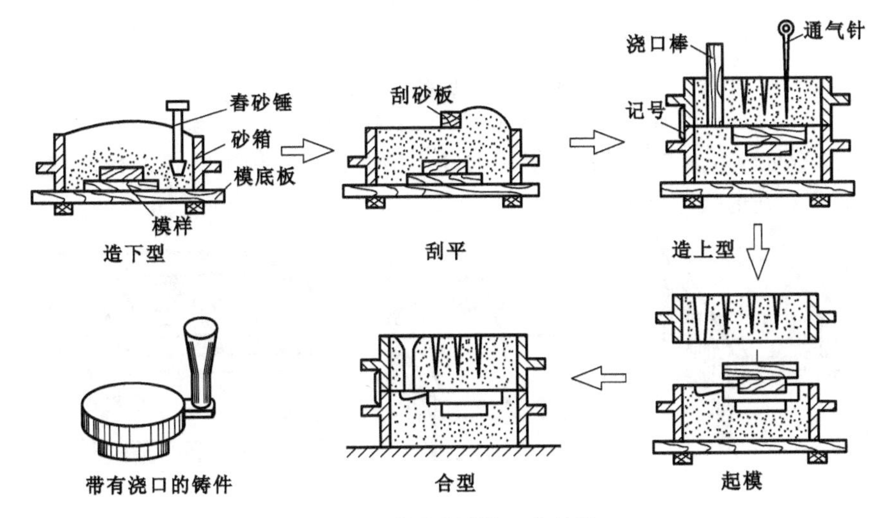

图 6-2　常用造型的工艺过程

（三）手工造型的常用工装

1. 模样

模样是用来形成砂型型腔的，其形状和尺寸与铸件的形状和尺寸十分相近(有时完全相同)，并具有足够的强度和刚度以及与铸件相适应的表面粗糙度和尺寸精度。按组合方式的不同，模样可分为整体模和分开模。模样可由木材、金属或其他材料制成。木模样应用广泛，常用于单件、小批量生产。金属模样具有尺寸精确、使用寿命长等优点，但制造成本较高，常用于机器造型和大批量生产。常见的模样种类如图 6-3 所示。

2. 芯盒

芯盒是用来制作型芯的。图 6-4 所示为常见的芯盒种类。图(a)为整体式芯盒，主要用于制作形状简单的中小型型芯；图(b)为分开式芯盒，主要用于制作圆

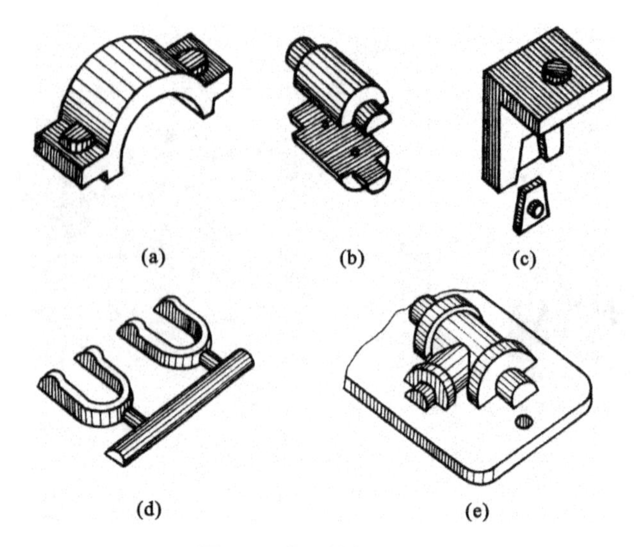

图 6-3 常见模样的种类

(a) 整体模；(b) 分开模；(c) 活块模；(d) 带浇道的模；(e) 模板

柱、圆锥等回转体型芯以及形状对称的较小型芯；图(c)为可拆式芯盒，主要用于制作形状复杂的大中型型芯。

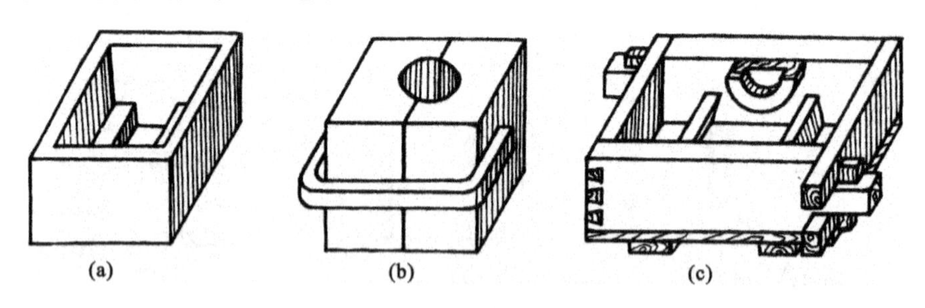

图 6-4 常见芯盒的种类

(a) 整体式；(b) 分开式；(c) 可拆式

3. 砂箱

砂箱用于制造、翻转和运输砂型，还可用来容纳造型的器具，如图 6-5 所示。

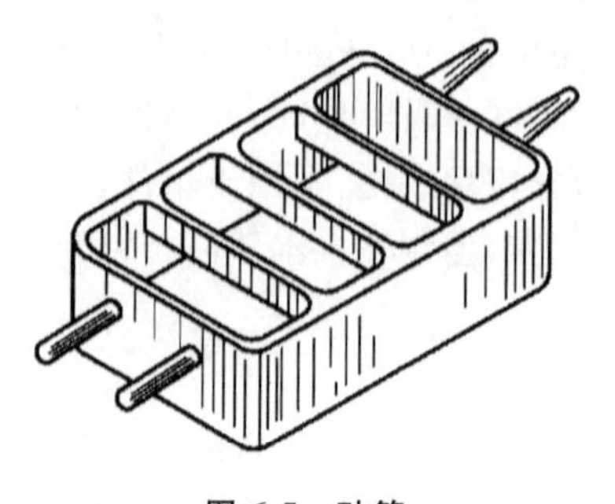

图 6-5 砂箱

4. 手工造型工具

常用的手工造型工具如图 6-6 所示，包括底板、刮砂板、浇口棒、舂砂锤、通气针、起模针、手风箱等。

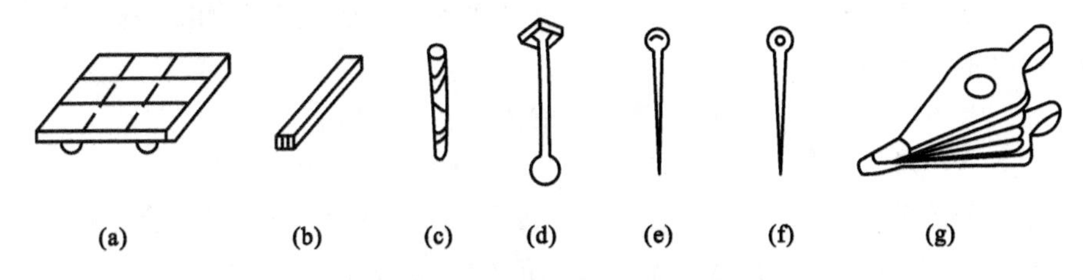

图 6-6 常用的手工造型工具

(a) 底板；(b) 刮砂板；(c) 浇口棒；(d) 舂砂锤；
(e) 通气针；(f) 起模针；(g) 手风箱

(1) 底板用来承载模样、砂型和砂箱，其表面应平整、光滑。

(2) 刮砂板用平直的木板或铁板制成，其长度应比砂箱宽度略长。当砂型舂实后，用来刮去高出砂箱的型砂或修正较大的平面。

(3) 舂砂锤用来在造型中舂实型砂，按头部的形状分为尖头舂砂锤和平头舂砂锤两种。尖头舂砂锤用来舂实模样周围及砂箱靠边处或狭窄部分的型砂，平头舂砂锤用来舂平砂型表面。

(4) 通气针用来在砂型或型芯中扎出通气的孔眼，以弥补型砂或芯砂透气性的不足，使浇注时产生的气体及时逸出。

(5) 起模针用来起出砂型中的模样。起模针的工作端为尖锥形，用于起出较小的模样。工作端带螺纹的称为起模钉，用来起出较大的模样。

(6) 手风箱又称皮老虎，用来吹去砂型上散落的砂粒和灰尘。使用时不可用力过猛，以免损坏砂型。

此外，常用的手工造型工具还有铁铲、筛子、掸笔、粉袋等。铁铲用来铲运、拌和型砂或芯砂。筛子用于筛分原砂或型砂，造型时用手端起、左右摇晃筛子，可将面砂筛到模样上。掸笔用来润湿模样边缘的型砂，以便起模和修型。粉袋用来在型腔表面抖敷滑石粉或石墨粉。

5. 手工修型工具

常用的手工修型工具如图 6-7 所示。

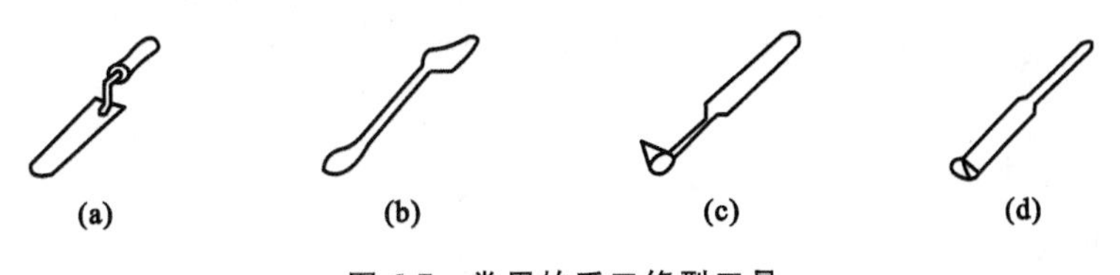

图 6-7 常用的手工修型工具

(a) 镘刀；(b) 压勺；(c) 提钩；(d) 半圆

（1）镘刀又称刮刀，用来修理砂型、型芯的较大平面，开挖浇口、冒口，切割沟槽等。镘刀有平头、圆头、尖头等形状。

（2）压勺用来修理砂型、型芯的较小平面，开设较小的浇口等。

（3）提钩又称砂钩，用来修理砂型、型芯中深而窄的地面和侧壁，提出散落在型腔深处的型砂等。

（4）半圆用来修正砂型垂直弧形面的内壁及其底面。

（四）型砂和芯砂

型砂和芯砂是由原砂、黏结剂、旧砂、水和附加物组成的。根据合金的种类、铸件的大小和形状等不同，选择不同配比的型砂与芯砂，以保证它们具有一定的性能，如图 6-8 所示。

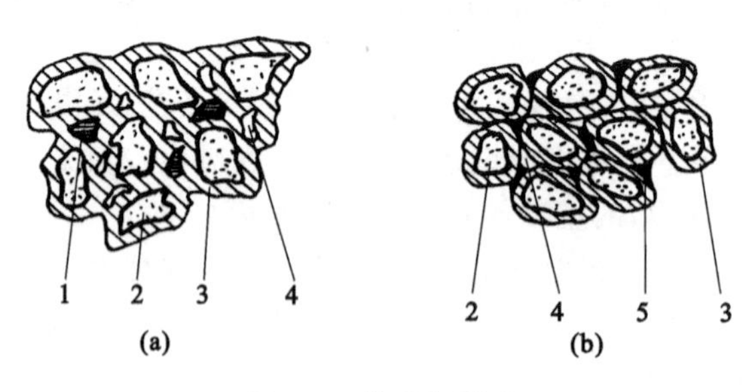

图 6-8　芯砂和型砂

（a）芯砂；（b）型砂

1—锯木屑；2—砂粒；3—黏土；4—空隙；5—煤粉

型砂应具有足够的强度、透气性、耐火性和退让性，防止铸型被金属液体冲坏或产生气孔、黏砂和裂纹。型砂的制配一般是在混砂机中进行的。型砂的制配过程是：先将新砂、旧砂、黏土、煤粉等造型材料干混均匀，再加入水和液体黏结剂，湿混均匀；经检验合格后，可用其造型。型砂湿度适当时，用手抓一把型砂捏成团，手松开后砂团上应可看到清晰的手纹，把砂团折断时，其断面不呈破碎状。

对于芯砂，为了保证它具有足够的强度和透气性，其黏土、新砂的加入量要比型砂大。

三、任务分析

（1）熟悉模型、芯盒、砂型、型芯与零件形状之间的联系。

（2）识别常用的造型工具、修型工具以及常用工装，练习其使用方法，熟悉其用途。

（3）配置型砂和芯砂。

四、任务准备

清整工作场地，准备模样、芯盒、砂箱、手工造型工具、手工修型工具等，准备混砂机、型砂配置原料（原砂、黏结剂、水、煤粉、木屑等）。

五、任务实施

(1) 配置型砂和芯砂，可用混砂机将原砂、黏结剂和水按一定比例混合，检验配置质量。

(2) 结合毛坯零件图或铸造工艺图，认识模型、芯盒和砂箱，通过试操作，了解砂型和型芯的制作过程，熟悉模型、芯盒与砂型、型芯的联系。

(3) 认识手工造型工具，通过试操作，熟悉其用途及使用方法。

(4) 认识手工修型工具，通过试操作，熟悉其用途及使用方法。

六、质量检查

检查操作过程和效果，分析保证操作质量的因素。

七、任务评价

根据表 6-1 进行任务评价。

表 6-1　任务评价表

学习小结：

考核内容	考核要求	分值	学生自评	教师评分
学习态度	遵守学习纪律，不迟到、不早退，学习认真	10		
安全文明生产	正确执行安全文明操作规程，场地整洁，工件和工具摆放整齐	10		
配置型砂和芯砂	湿度、强度适当	10		
认识模型、芯盒和砂箱	看懂毛坯零件图或铸造工艺图，操作规范，熟悉模型、芯盒与砂型、型芯的联系	30		
认识造型工具	了解造型工具的名称和用途，操作规范	20		
认识修型工具	了解修型工具的名称和用途，操作规范	20		
合　计		100		

教师寄语：

任务二 手工造型

一、任务目标

用型砂制成包括形成铸件形状的空腔、型芯和浇冒口系统的组合整体。

二、背景知识

(一) 常用的手工造型方法

造型是指用型砂及模样等工艺装备制造铸型的过程，可分为手工造型和机器造型两种。

手工造型是指全部用手工或手动工具完成的造型工序。由于手工造型操作灵活，工艺装备简单，但生产率低、劳动强度大，因此只适用于单件、小批量生产。常用的造型方法有整模造型、挖砂造型、假箱造型、分模造型、三箱造型、刮板造型和活块造型等。下面简要介绍整模造型和分模造型。

1. 整模造型

整模造型如图 6-9 所示，所用的模样为一个整体，其分型面是一个平面，整个铸型的型腔全部在一个砂箱内。整模造型操作简便，铸件不会由于上、下砂型错位而产生错型缺陷，其尺寸、形状较准确，适用于最大截面在一端且为平面、形状简单的铸件，如压盖、齿轮坯、轴承座等。

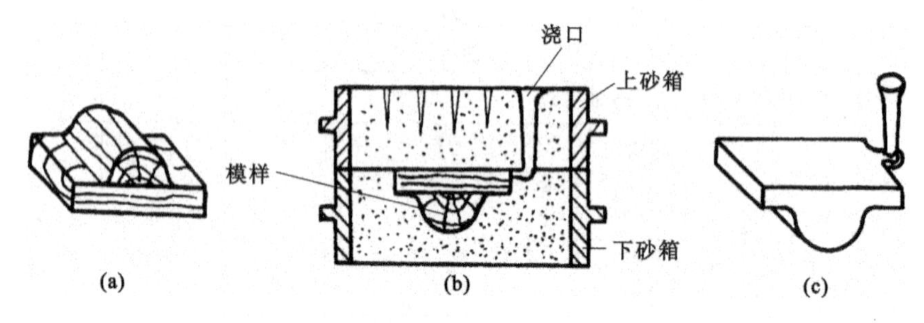

图 6-9 整模造型

(a) 模样；(b) 造型；(c) 落砂后的铸件

2. 分模造型

当铸件的最大截面不是在铸件的一端而是在铸件的中间、用整模造型不能取出模样时常采用分模造型。所谓分模造型，就是将模样沿外形的最大截面处分为两部分，即上半模和下半模，并且在上半模和下半模的分模面上分别加工出定位销和定位孔，使上、下半模在合型时能准确定位的造型。图 6-10 所示为套筒的分模造型过程。

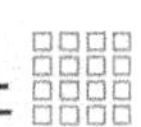

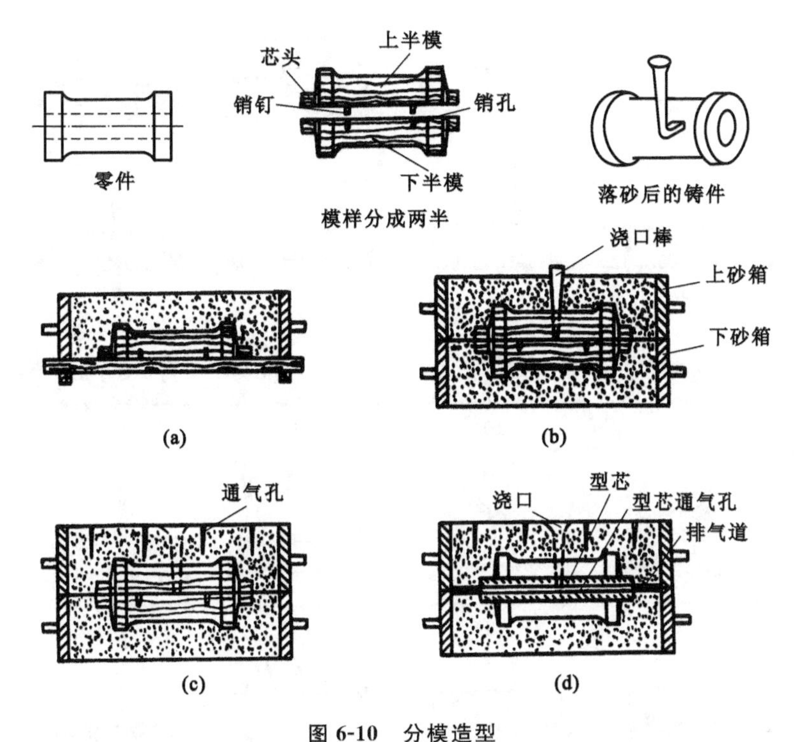

图 6-10　分模造型

(a) 用下半模,造下型;(b) 下箱翻转 180°,放上半模,撒分型砂,放浇口棒,造上型;
(c) 开外浇口,扎通气孔;(d) 起模,开内浇道,下芯,开排气道,合型

(二) 手工造型过程

以整模造型为例,其造型过程如图 6-11 所示。

(1) 擦干净模样和底板,将模样放置在底板上。

(2) 放置砂箱,保证模型与砂箱之间的距离。如距离太小,则浇注时金属液体容易从分型面流出;如距离太大,则会浪费型砂和工时。如果模型容易黏砂,则应先撒上滑石粉。

(3) 用筛子加入面砂,将模样盖住。

(4) 用铁铲在面砂上加入背砂,至接近充满砂箱。第一次加砂后,一只手按住模型不动,另一只手塞紧模型四周的型砂,使模型固定。每次加砂厚度为 50～70 mm,保证砂型的紧实度。

(5) 用舂砂锤分批舂砂。舂砂时,先用舂砂锤的尖头舂,后用舂砂锤的平头舂;不要舂在模型上,靠近模型及箱壁处要舂紧。

(6) 填入最后一层背砂,用舂砂锤的平头舂实。

(7) 用刮砂板刮去多余的型砂,使其表面与砂箱四边平齐。

(8) 用通气针扎出分布均匀、深度适合的出气孔。如果砂箱没有定位装置,须在上、下砂箱外壁的连接处做好定位标记。

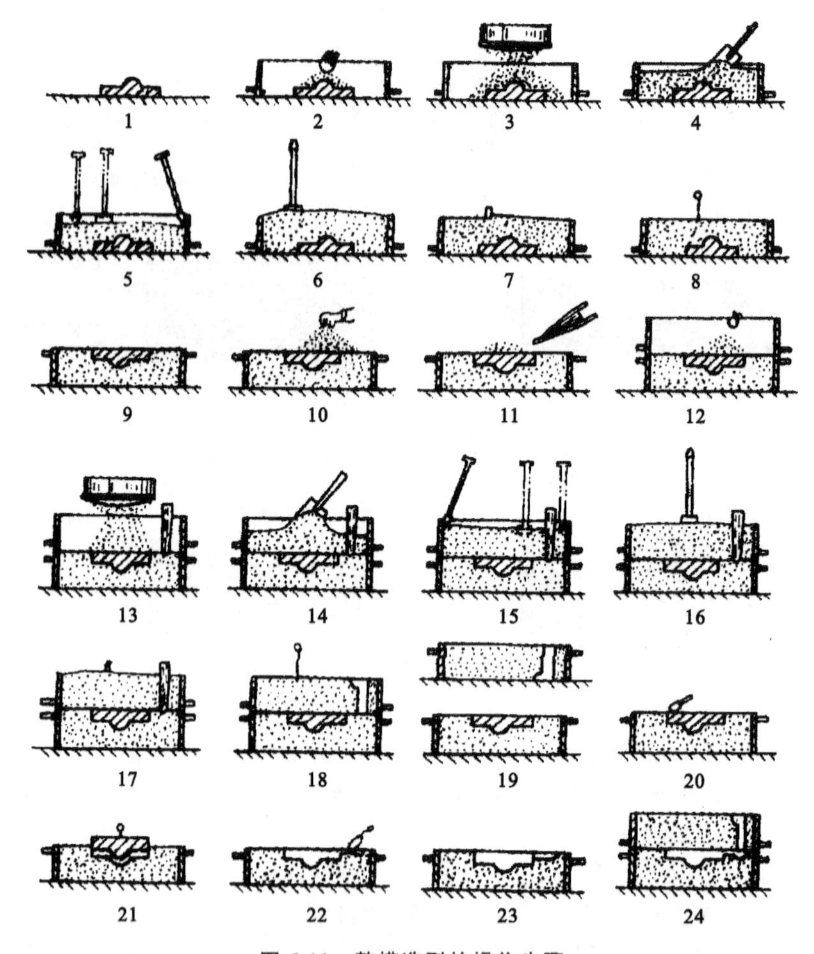

图 6-11　整模造型的操作步骤

（图中数字表示操作顺序）

(9) 将造好的下砂型翻转 180°。

(10) 用镘刀将模样分型面周围的型砂表面压光修平，撒上一层分型砂。

(11) 用手风箱吹去落在模样上的分型砂。

(12) 将与下砂箱配套的上砂箱安放在下砂型上，均匀撒上防黏砂材料。

(13) 用筛子加入面砂，放置浇冒口。浇冒口的位置要合理可靠，并先用面砂固定。

(14) 填砂(操作与下砂型的操作相同)。

(15) 舂砂(操作与下砂型的操作相同)。

(16) 舂砂至型砂高于上砂箱上边。

(17) 用刮砂板刮除多余的型砂，使其表面与砂箱四边平齐，再用镘刀修平浇冒口处的型砂。

(18) 用通气针扎出气孔，取出浇冒口模样，在直浇道上端开挖浇口杯。

(19) 取去上砂箱,将上型翻转 180°后放平。

(20) 修整分型面。扫除分型面上的分型砂,用掸笔润湿靠近模样周边的型砂,准备起模。

(21) 松模和起模。将模样向四周轻轻松动,再用起模针或起模钉将模样从砂型中起出。

(22) 开挖浇注系统的横浇道和内浇道.

(23) 修型。修光浇冒口系统表面,将型腔损坏处修好,最后修平全部型腔表面。

(24) 合型。按定位标记将上砂型合在下砂型上,放置适当重量的压铁,抹好箱缝,准备浇注。

(三) 制芯过程

制芯过程如图 6-12 所示。

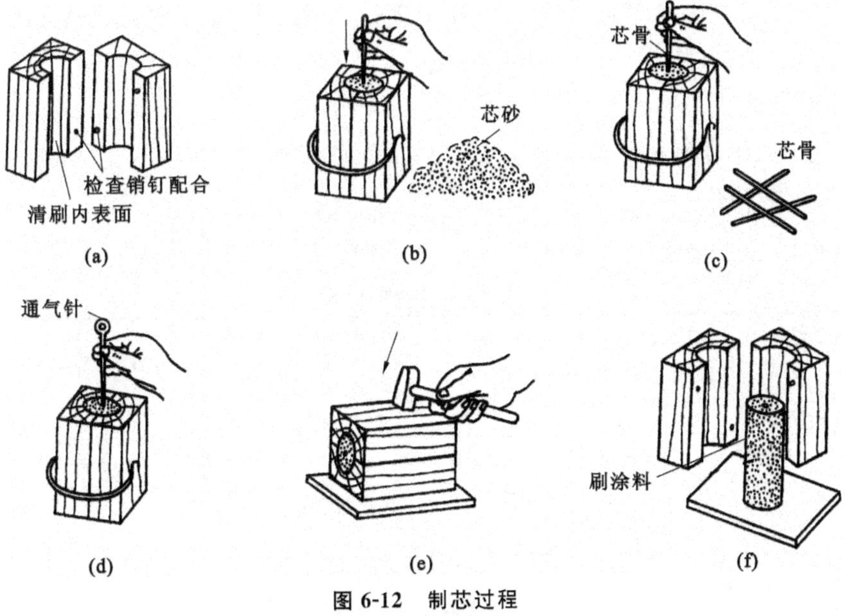

图 6-12　制芯过程

(a) 检查芯盒;(b) 夹紧型芯盒,分层加芯砂捣紧;(c) 插芯骨;
(d) 继续填砂,捣紧刮平,扎通气孔;
(e) 松开夹子,轻敲芯盒,使型芯从芯盒内壁松开;(f) 取型芯,刷涂料

三、任务分析

根据齿轮毛坯铸造工艺图(见图 6-13),利用模型、芯盒、工具等进行手工造型。

四、任务准备

清整工作场地,准备好型砂和芯砂,按铸造工艺图准备模样、芯盒、砂箱、手工造型工具、手工修型工具等。

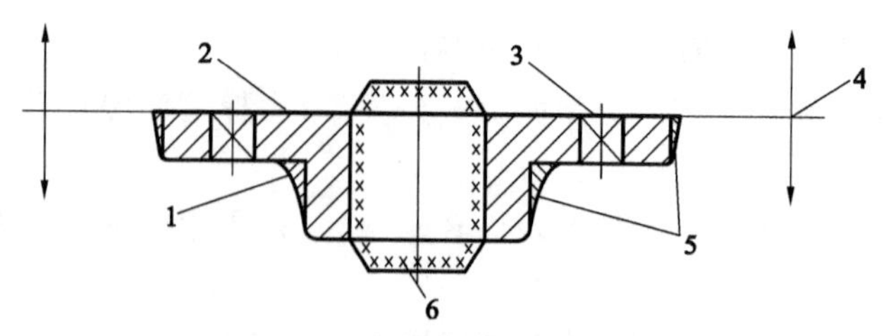

图 6-13　齿轮毛坯铸造工艺图

1—铸造圆角：方便金属液体流动，减少变形；2—加工余量；3—孔小，不铸；
4—分型面：沿铸件最大截面分开，用于从铸型中取去模型或铸件；
5—起模斜度：方便出模；6—砂芯

五、任务实施

（1）造型　根据造型要求，按图 6-11 所示步骤进行手工造型。

（2）制芯　根据制芯要求，按图 6-12 所示步骤制芯。

（3）合型　将型芯放入型腔中，使上砂箱保持水平，对准定位销或合箱线后慢慢放在下砂箱上。

六、质量检查

检查操作过程和效果，分析保证操作质量的因素。

七、任务评价

根据表 6-2 进行任务评价。

表 6-2　任务评价表

学习小结：

考核内容	考核要求	分值	学生自评	教师评分
学习态度	遵守学习纪律，不迟到、不早退，学习认真	10		
安全文明生产	正确执行安全文明操作规程，场地整洁，工件和工具摆放整齐	10		
工具使用	工具选用合理，使用规范	10		
造型质量	操作规范，动作精细，造型质量好	50		
制芯质量	操作规范，制芯质量好	10		
合型质量	型芯放置准确，操作规范，合型准确	10		
合　　计		100		

教师寄语：

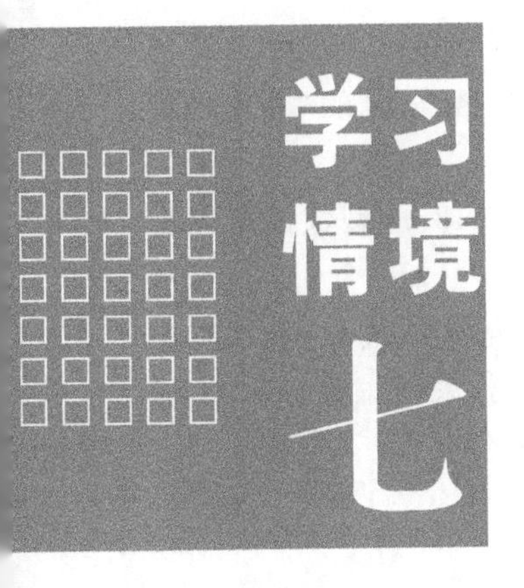

数控车床编程加工

通过本学习情境的学习，学生可获得对数控车床的感性认识，了解数控车床的工作原理和工作方法，基本掌握数控车床的操作技能、典型零件的加工工艺及手工编程的方法。

任务一　数控车床操作

一、任务目标

（1）熟悉数控车床的结构和分类。

（2）熟悉数控车床的操作面板。

（3）掌握零件工艺分析和编程方法。

二、背景知识

（一）数控机床结构和分类

数控机床是数字程序控制机床的简称，是一种通过数字信息控制机床按给定的运动轨迹，对被加工工件进行自动加工的机电一体化加工装备。典型数控机床如图 7-1 所示。

图 7-1　卧式数控车床

数控机床配置有不同的数控系统，常用的有日本富士通公司的发那科(FANUC)、德国西门子公司的 SINUMERIK 和华中数控公司的“世纪星”HNC-21T/21M等。

下面以配置华中“世纪星”HNC-21T 数控系统的 CNC6135A 型数控车床为例介绍有关数控车床操作的知识。

华中“世纪星”HNC-21T 是一种基于嵌入式工业 PC 的开放式数控系统，配备高性能 32 位微处理器、内装式 PLC 及彩色 LCD 显示器，采用国际标准 G 代码编程，可与各种流行的 CAD/CAM 自动编程系统兼容。

（二）数控车床基本操作

1. 操作面板

1）操作装置

（1）操作台结构　CNC6135A 型数控车床的数控操作台为标准固定结构，外形尺寸($W \times H \times D$)为 420 mm×310 mm×110 mm，如图 7-2 所示。

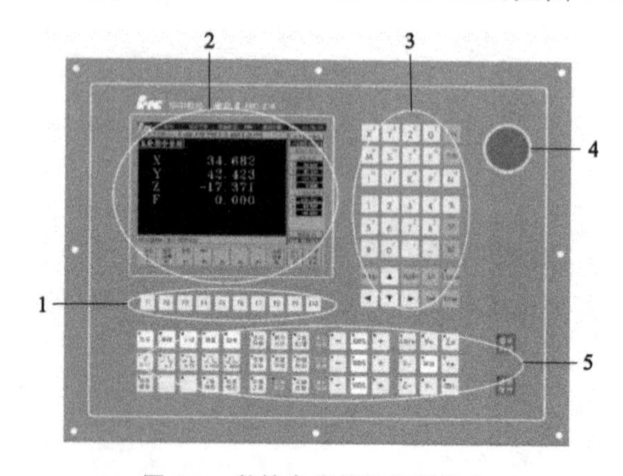

图 7-2　数控车床的数控操作台

1—功能键；2—液晶显示器；3—MDI 键盘；4—“急停”按钮；5—机床控制面板

（2）显示器　数控操作台的左上部为 7.5 in(1 in＝25.4 mm)彩色液晶显示器，分辨率为640 像素×480 像素。

（3）NC 键盘　NC 键盘包括精简型 MDI(手动数据输入)键盘和 F1～F10 十个功能键。

MDI 键盘的大部分键具有上挡键功能，当“UPPER”键有效时，指示灯亮，输入的是上挡键。

NC 键盘用于零件程序的编制、参数输入、MDI 操作及系统管理操作等。

（4）机床控制面板　机床控制面板的大部分按键(除“急停”按钮外)位于操作台的下部。机床控制面板用于直接控制机床的动作或加工过程。

2）软件操作界面

HNC-21T 数控系统的主操作界面如图 7-3 所示，其界面由如下几个部分组成。

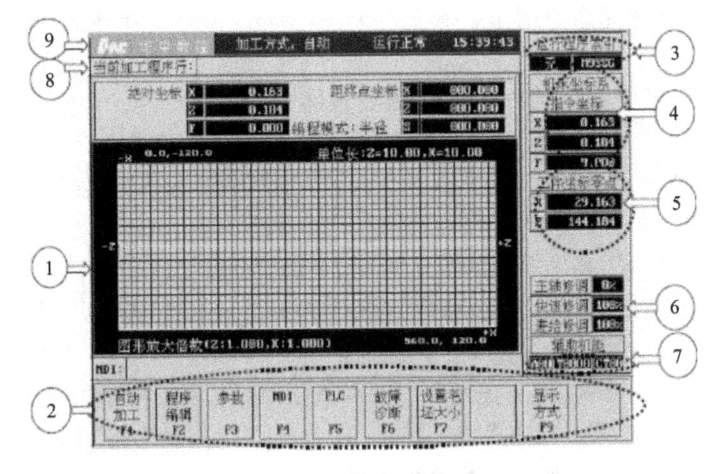

图 7-3　HNC-21T 数控系统的主操作界面

(1) 图形显示窗口：可以根据需要用功能键 F9 设置窗口的显示内容。

(2) 菜单命令条：应用菜单命令条中的功能键 F1～F10 可完成系统不同功能的操作。

(3) 运行程序索引：显示自动加工中的程序名和当前程序段行号。

(4) 刀具在选定坐标系下的坐标值：坐标系可在机床坐标系/工件坐标系/相对坐标系之间切换；显示值可在指令位置/实际位置/剩余进给/跟踪误差/负载电流/补偿值之间切换。

(5) 工件坐标系零点：显示工件坐标系零点在机床坐标系下的坐标。

(6) 倍率修调：主轴修调指当前主轴修调倍率；进给修调指当前进给修调倍率；快速修调指当前快进修调倍率。

(7) 辅助功能：显示自动加工中的 M、S、T 代码。

(8) 当前加工程序行：显示当前正在或将要加工的程序段。

(9) 系统状态菜单：显示系统当前工作方式、系统运行状态及系统时钟。

① 工作方式：根据机床控制面板上相应按键的状态，可在自动(运行)、单段(运行)、手动(运行)、增量(运行)、回零、急停、复位等之间切换。

② 运行状态：系统工作状态在运行正常和出错间切换。

③ 系统时钟：当前系统的时间。

操作界面中最重要的是菜单命令条。系统功能的操作主要通过菜单命令条中的功能键 F1～F10 来完成。由于每个功能包括不同的操作菜单，因此菜单采用层次结构，即在主菜单下选择一个菜单选项后，数控装置会显示该功能下的子菜单，用户可根据该子菜单的内容选择所需的操作。

2. 数控车床基本操作

数控车床的操作是通过操作面板和控制面板来完成的。由于生产厂家或者数控系统选配上的不同，面板功能和布局可能存在差异。操作前应结合具体设备情况，仔细阅读操作说明书。现在以 CNC6135A 型数控车床为例来说明其操作步骤。

1）开机、复位、关机、回参考点、超程解除

（1）开机、复位操作步骤　按下操作台右上角的“急停”按钮，合上数控车床后面的空气开关，手柄放到指示标志为“ON”的位置。松开总电源开关，打开计算机电源，进入数控系统的界面，右旋松开“急停”按钮，系统复位，对应于目前的加工方式为“手动”，显示“手动”。

（2）关机操作步骤　按下“急停”按钮，然后按下总电源开关，最后关闭空气开关，手柄放到指示标志为“OFF”的位置。

开、关机操作之前，都要先按下“急停”按钮，目的是减小电冲击。

（3）手动回参考点操作步骤　按下“回参考点”键，键内指示灯亮之后，再按“＋X”键及“＋Z”键，刀架回到数控车床参考点。

（4）超程解除操作步骤　当出现超程时，显示“出错”，“超程解除”指示灯亮。解除超程的步骤是，先按住“超程解除”键不放，再将工作方式置为“手动”或者“手摇”，哪个方向超程(假设目前是＋X 方向超程)，则选择相反的方向(－X)按键移动刀架，直到“超程解除”指示灯灭，显示“运行正常”为止。

2）手动操作步骤

（1）手动操作　按下“手动”按钮，先设定进给修调倍率，再按“＋Z”键(或“－Z”键)、“＋X”键(或“－X”键)，使坐标轴连续移动；在手动进给时，同时按压“快进”键，产生相应轴的正向或负向快速运动。

（2）增量进给　将坐标轴选择波段开关置于“OFF”挡，先按控制面板上的“增量”键(指示灯亮)，再按“＋Z”键(或“－Z”键)、“＋X”键(或“－X”键)，则沿选定的方向移动一个增量值。请注意与“手动”的区别，此时按住“＋Z”键(或“－Z”键)、“＋X”键(或“－X”键)不放开，也只能移动一个增量值，不能连续移动。增量进给的增量值由“×1”、“×10”、“×100”、“×1000”四个增量倍率按键控制。增量倍率按键和增量值的对应关系如表 7-1 所示。

表 7-1　增量进给倍率按键和增量值对应关系

增量倍率按键	×1	×10	×100	×1000
增量值/mm	0.001	0.01	0.1	1

（3）手摇进给　下面以 X 轴为例，说明手摇进给的操作方法。将坐标轴选择开关置于“X”挡，顺时针/逆时针旋转手摇脉冲发生器一格，可控制 X 轴向正向或负向移动一个增量值。连续发生脉冲，则连续移动车床坐标轴。手摇进给的增量值由“×1”、“×10”、“×100”三个增量倍率键控制。增量倍率键和增量值的对应关系如表 7-2 所示。

表 7-2　手摇进给倍率和增量值对应关系

增量倍率键	×1	×10	×100
增量值/mm	0.001	0.01	0.1

(4) 手动换刀　在手动方式下，按“刀位选择”键选定刀位，再按“刀位转换”键，将刀架转到所选的刀位上。

(5) 手动数据输入(MDI)操作　在图 7-3 所示的主操作界面下，按 F4 键进入如图 7-4 所示的 MDI 功能子菜单，再按 F6 键进入 MDI 运行方式，命令行的底色变成白色，并且有光标在闪烁，这时可以通过 NC 键盘输入指令段，例如“M03S600”(如发现输入错误，则可以用编辑键进行修改)，确定无误后，按回车键。加工方式选择“自动”或者“单段”加工方式，然后按“循环启动”键，则主轴以 600 r/min 的转速正转。

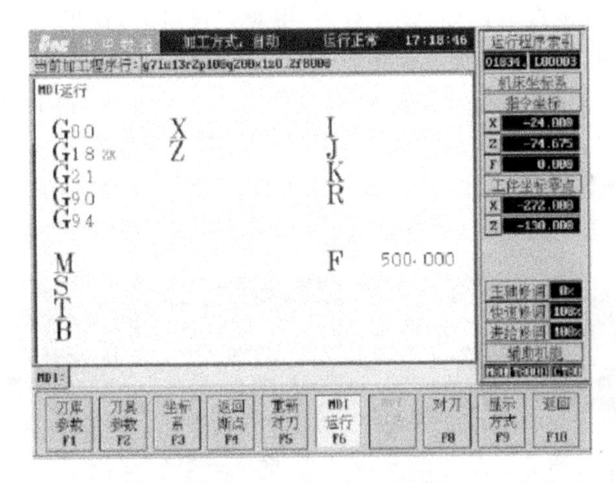

图 7-4　MDI 功能子菜单

3) 程序输入及文件管理

在图 7-3 所示的主操作界面下，按 F2 键，进入如图 7-5 所示的编辑功能子菜单。

图 7-5　编辑功能子菜单

(1) 程序输入　在编辑功能子菜单下按 F1 键，弹出“文件管理”菜单，用光标移动键选中“新建文件”，然后按回车键(也可以直接按快捷键 F2 键，实现前述功能)，系统提示输入新建文件名，比如，输入文件名“O1008”，再按回车键，则进入编辑缓冲区；在缓冲区可以用 NC 键盘直接输入和编辑加工程序。

(2) 选择已编辑程序　在编辑功能子菜单下按 F2 键，弹出“选择编辑程序”菜单。其中：

“磁盘程序”是保存在电子盘、硬盘、软盘或网络路径上的文件；

“正在加工的程序”是当前已经选择存放在加工缓冲区的一个加工程序；

“串口程序”是通过串口读入的程序。

在“选择编辑程序”菜单中，可以用光标移动键选择其中一项，按回车键，进入程序目录，再用光标移动键选择已编辑的程序文件名，按回车键，将文件调入到编辑缓冲区(图形显示窗口)进行编辑。

(3) 保存程序　在编辑状态下，按 F4 键可对当前编辑程序进行存盘。

(4) 文件管理　华中“世纪星”HNC-21T 数控系统文件管理的操作方法类似于普通个人计算机文件管理的操作方法，请按照系统提示进行操作。

4) 对刀操作

对刀有很多种方法，比如，试切对刀、用对刀仪对刀，这里主要介绍手动试切对刀方法。下面以数控车床实训中常用的四种车刀为例，详细介绍其对刀方法(第一号刀为主偏角 93°的外圆粗车刀；第二号刀为主偏角 93°的外圆精车刀；第三号刀为切断刀；第四号刀为主偏角 60°的外螺纹车刀)。

(1) 在主操作界面下，按 F4 键，进入 MDI 功能子菜单，按 F2 键进入如图 7-6 所示的刀偏表，选择刀偏号为“0001”，移动蓝色亮条到试切长度栏。

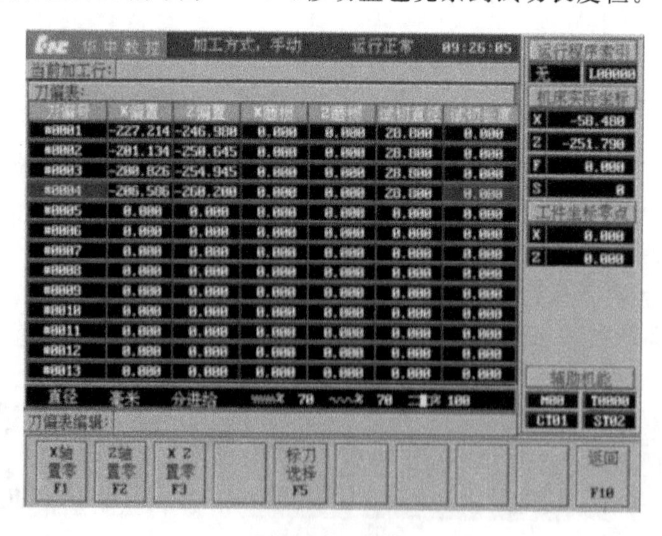

图 7-6　刀偏表

(2) 主轴正转，手摇进给，试切工件端面，切削深度不能过大(要求切削深度小于 0.5 mm)，刀尖过了旋转中心后，沿 X 轴正向退刀，不得有 Z 轴方向位移。

(3) 按回车键，输入切削端面到程序原点的长度(假如编程原点选在工件的前端面上，显然长度就是 0，应输入“0”)，然后按回车键，移动蓝色亮条到试切直径栏。

(4) 试切工件外圆 3～5 mm,然后沿 Z 轴正向退刀,不得有 X 轴方向位移,主轴停止,测量试切外圆的直径。

(5) 按回车键,输入直径值,然后按回车键,移动蓝色亮条到刀偏号为“0002”的试切长度栏。

(6) 换第二号刀,主轴正转,用主刀刃接触工件端面(要合理选用手摇进给的增量倍率,切削痕迹越小越好,同时也要注意工作的效率)。接触后,沿 X 轴正向退刀,不得有 Z 轴方向位移。

(7) 按回车键,以同样的方式输入“0”,然后按回车键,移动蓝色亮条到试切直径栏。

(8) 试切工件外圆 3～5 mm,然后沿 Z 轴正向退刀,不得有 X 轴方向位移,主轴停止,测量试切外圆的直径。

(9) 按回车键,输入测量的直径值,然后按回车键,移动蓝色亮条到刀偏号为“0003”的试切长度栏。

(10) 换第三号刀,测量刀宽,主轴正转,用左刀尖接触工件端面,同样要求切削痕迹越小越好。接触后,沿 X 轴正向退刀,不得有 Z 轴方向位移。

(11) 按回车键,此处不能直接输入“0”(切断后的工件长度是从右刀尖算起的,也就是说,刀位点在右刀尖)。输入刀宽值后,然后按回车键,移动蓝色亮条到试切直径栏。

(12) 接触第二号刀试切的工件外圆,沿 Z 轴正向退刀,不得有 X 轴方向位移,主轴停止。

(13) 按回车键,输入第二号刀试切的外圆直径值,然后按回车键,移动蓝色亮条到刀偏号为 0004 的试切长度栏。

(14) 换第四号刀(螺纹刀),手摇进给移动刀具,目测使刀尖与工件端面对齐(尽可能使刀尖接近工件,但不准接触工件)。

(15) 按回车键,输入“0”,然后按回车键,移动蓝色亮条到试切直径栏。

(16) 主轴正转,刀尖接触工件外圆,然后沿 Z 轴正向退刀,不得有 X 轴方向位移,主轴停止。

(17) 按回车键,输入第二号刀试切的外圆直径值,然后按回车键。

以上介绍的是对刀操作的全过程。实训中除了要掌握对刀方法外,还要注意精度控制方法。

5) 加工程序校验与运行

加工程序编制好后,可用数控系统的程序校验功能运行程序,在机床不动的情况下对整个加工过程进行图形模拟加工,检查刀具轨迹是否正确。

(1) 加工程序校验　数控系统的程序校验功能用于对选择的程序文件进行自动检查,并提示可能的错误,一般包括正文校验和图形校验。

① 加工程序正文校验操作步骤如下:在操作面板上选加工方式为“自动”→

在图 7-3 所示的主操作界面下，选“自动加工”(F1)→选“程序选择”(F1) →选“磁盘程序”(F1)，用光标移动键(↑↓)选中程序文件(或者直接选“正在编辑的程序”(F2))后回车确认→选“显示模式”(F1)→将程序文件调入到运行缓冲区后，选“程序校验”(F3)→在操作面板上按“循环启动”键，系统开始模拟运行，校验加工程序。

② 加工程序图形校验操作步骤如下：按下操作面板机床锁住键→在操作面板上选加工方式为“自动” →在图 7-3 所示的主操作界面下选“自动加工”(F1)→选“程序选择”(F1) →选“磁盘程序”(F1)，用光标移动键(↑↓)选中程序文件(直接选“正在编辑的程序”(F2))后回车确认→选“显示方式”(F9)→选“显示模式”(F1)，回车确认→选“ZX 平面图形” →在操作面板上按“循环启动”键，系统开始模拟运行，校验加工程序。

开始加工程序图形校验操作前要先输入毛坯尺寸(假设实训工件毛坯的外径为 30 mm，伸出卡盘的长度为 100 mm)，具体的操作步骤如下：连续按 F10 键，直到菜单命令条出现“毛坯尺寸 F6” →按 F6 键，根据系统提示输入外径值(30)，按空格键→输入内径值(0)，按空格键→输入长度值(100)，按空格键→输入内端面值(−100)，回车确认，毛坯的外形显示在图形窗口。

注意：输入的毛坯尺寸的大小对真实加工的结果和精度没有影响。

(2) 加工程序自动运行　加工程序自动运行的操作步骤与加工程序校验的操作步骤大致相同，具体操作步骤如下：在操作面板上选加工方式为“自动” →在图 7-3 所示的主操作界面下，选“自动加工”(F1)→选“程序选择”(F1) →选“磁盘程序”(F1)，用光标移动键(↑↓)选中程序文件(或者直接选“正在编辑的程序”(F2))后回车确认→将程序文件调入到运行缓冲区后，选“程序校验”(F3)→在操作面板上按“循环启动”键，系统开始自动运行加工程序。

(三) 安全操作知识

(1) 数控车床开动前，必须关好数控车床防护门；在加工过程中，不允许打开防护门。

(2) 不能用手接触刀尖和铁屑，铁屑必须用铁钩或毛刷来清理。

(3) 在数控车床正常运行时禁止打开电气柜门。

三、任务分析

(一) 数控车床典型加工实例

数控车床典型加工实例如图 7-7 所示。

(二) 数控车床加工流程

数控车床加工流程如图 7-8 所示。

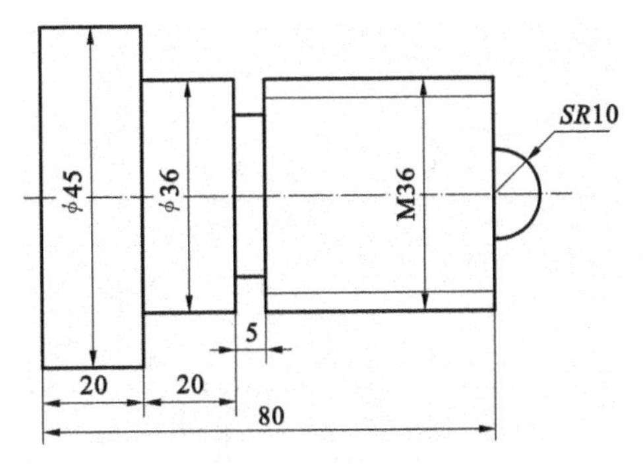

图 7-7　典型实例图

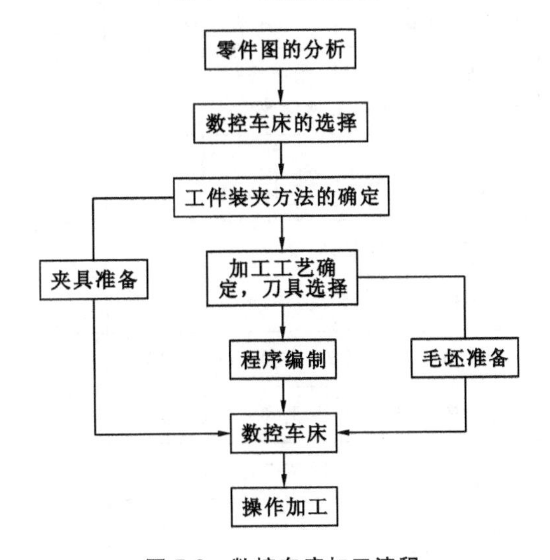

图 7-8　数控车床加工流程

四、任务准备

准备 CNC6135A 型数控车床、卡尺、千分尺、百分表、内六角扳手、卡盘扳手。

五、任务实施

(1) 识别数控车床各组成部分，了解各工、夹、量具的基本使用方法。

(2) 数控车床上电前检查，开机，回参考点。

(3) 正确输入和编辑数控程序。

(4) 以手动方式操作数控车床。

(5) 刀具偏置与对刀操作。

(6) 空运行和自动运行加工。

六、质量检查

检查任务执行过程中零件是否夹紧，数控车床操作顺序是否正确，量具的使用是否正确，加工尺寸是否合格。

七、任务评价

根据表 7-3 进行任务评价。

表 7-3　任务评价表

学习小结：

考核内容	考核要求	分值	学生自评	教师评分
学习态度	遵守学习纪律，不迟到，不早退，学习认真	10		
安全文明生产	正确执行安全文明操作规程，场地整洁，工件和工具摆放整齐	10		
数控机床操作规范性	按任务实施的步骤进行	10		
工、夹、量具使用	正确使用各类器具	10		
程序编辑	程序输入与选取方式正确	15		
机床操作	手动方式操作规范、步骤正确	15		
刀偏设置	对刀操作规范、步骤正确	15		
程序检验	检验步骤正确、运行结果正确	15		
合计		100		

教师寄语：

任务二　数控车床加工手锤把

一、任务目标

用 CNC6135A 型数控车床编程实现手锤把加工。

二、数控车床加工知识

（一）典型数控编程指令表

典型数控编程指令如表 7-4 所示。

表 7-4 HNC-21T 编程指令表

序号	功能代码	功能	参数	序号	功能代码	功能	参数
G 代码	G00	快速定位	X,Z	M 代码	M00	程序停止	
	G01	直线插补	X,Z		M00	程序暂停	
	G02/G03	顺/逆插补	I,K		M02	程序结束	
	G20/G21	米/英制			M03	主轴正转	
	G40	刀补取消			M04	主轴反转	
	G41/G42	左/右补偿			M05	主轴停止	
	G54～G59	坐标系偏置			M30	程序结束	
	G90/G91	绝对/相对		F 代码		进给速度设定	F×××
	G92	坐标系设定	X,Z	S 代码		主轴转速设定	S×××
	G94/G95	速度设定		T 代码		刀具选择	T××

（二）数控车床基本功能

1. 辅助功能 M 指令

辅助功能指令由地址字 M 和其后的 1 位或 2 位数字组成，主要用于控制零件程序的走向，以及数控车床各种辅助功能的开关动作。

1）程序暂停指令 M00

当数控系统执行到 M00 指令时，将暂停执行当前程序，以方便操作者进行刀具和工件的尺寸测量、工件调头、手动变速等操作。

此时，数控车床的进给停止，而现存的全部模态信息保持不变，欲继续执行后续程序，按操作面板上的“循环启动”键即可。

M00 指令为非模态后作用 M 功能指令。

2）程序结束指令 M02

M02 指令一般放在主程序的最后一个程序段中。

当数控系统执行 M02 指令时，数控车床的主轴、进给、冷却液全部停止，加工结束。

使用 M02 指令的程序结束后，若要重新执行该程序，就得重新调用该程序，或在自动加工子菜单下按下 F4 键（请参考 HNC-21T 操作说明书），然后再按下操作面板上的“循环启动”键。

M02 指令为非模态后作用 M 功能指令。

3）程序结束并返回到零件程序起点指令 M30

M30 指令和 M02 指令功能基本相同，只是 M30 指令还兼有控制返回到零件程序起点（%）的作用。

使用 M30 指令的程序结束后，若要重新执行该程序，则只需再按操作面板上的“循环启动”键即可。

4）主轴控制指令 M03、M04、M05

M03：启动主轴，使其以程序中编制的主轴速度顺时针方向（从 Z 轴正向朝 Z 轴负向看）旋转。

M04：启动主轴，使其以程序中编制的主轴速度逆时针方向旋转。

M05：使主轴停止旋转。

M03、M04 指令为模态前作用 M 功能，M05 指令为模态后作用 M 功能，为默认功能。M03、M04、M05 指令可相互注销。

5）切削液打开、关闭指令 M07、M09

M07：打开切削液管道。

M09：关闭切削液管道。

M07 指令为模态前作用 M 功能，M09 指令为模态后作用 M 功能，为默认功能。

2. 主轴功能 S 指令

主轴功能 S 指令控制主轴转速，其后的数值表示主轴速度，单位为 r/min。

采用恒线速度功能时，S 指定切削线速度，其后的数值单位为 mm/min。G96 指令恒线速度有效，G97 指令取消恒线速度。

S 指令是模态指令，只有在主轴速度可调节时有效。

S 指令指定的主轴转速可以借助数控车床控制面板上的主轴倍率开关进行修调。

3. 进给速度 F 指令

F 指令表示工件被加工时刀具相对于工件的合成进给速度，F 的单位取决于 G94（每分钟进给量（mm/min））或 G95（主轴每转一转刀具的进给量（mm/r））。

使用下式可以实现每转进给量与每分钟进给量的转化。

$$f_{\mathrm{m}} = f_{\mathrm{r}} \times S$$

式中：f_{m} 为每分钟的进给量，单位为 mm/min；f_{r} 为每转进给量，单位为 mm/r；S 为主轴转数，单位为 r/min。

当工作在 G01、G02 或 G03 方式下时，程序指定的 F 值一直有效，直到被新的 F 值所取代为止，而工作在 G00 方式下时，快速定位的速度是各轴的最高速度，与所编 F 值无关。

注意：

① 当使用每转进给量方式时，必须在主轴上安装一个位置编码器；

② 采用直径编程方式时，X 轴方向的进给速度为半径每分钟的变化量或半径每转的变化量。

4. 刀具功能 T 指令

T 指令用于选刀，其后的 4 位数字分别表示选择的刀具号和刀具补偿号。T 指令与刀具的关系是由机床制造厂规定的，请参考机床制造厂的说明书。

执行 T 指令时，转动转塔刀架，选用指定的刀具。

当一个程序段同时包含 T 指令与刀具移动指令时，先执行 T 指令，而后执行刀具移动指令。

5. 准备功能 G 指令

1）绝对编程指令 G90 与相对编程指令 G91

格式：G90(G91)

说明：G90 指令表示绝对编程，每个编程坐标轴上的编程值是相对于程序原点的值；G91 指令表示相对编程，每个编程坐标轴上的编程值是相对于前一位置的值，该值等于沿轴移动的位移。

如图 7-9 所示，使用 G90、G91 指令编程，要求刀具由原点按顺序移动到点 1、2、3，然后回到原点。分别使用 G90 指令编程、G91 指令编程以及使用 G90、G91 指令混合编程的程序如表 7-5 所示。

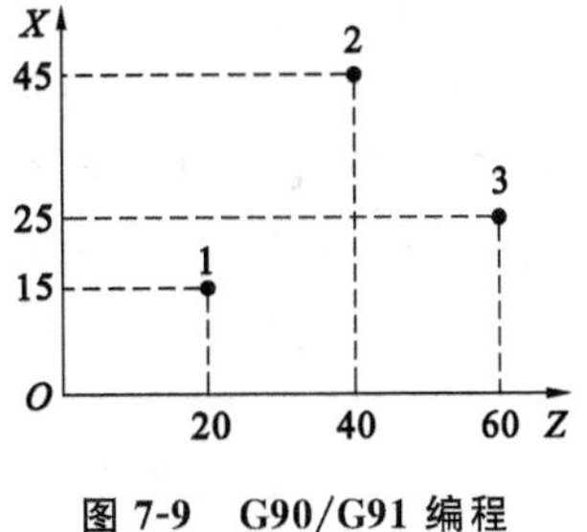

图 7-9　G90/G91 编程

表 7-5　G90/G91 编程

G90 编程	G91 编程	混合编程
%0001	%0001	%0001
N5　G92　X0　Z0	N5　G91	N5　G92　X0　Z0
N10　G01　X15　Z20	N10　G01　X15　Z20	N10　G01　X15　Z20
N15　X45　Z40	N15　X30　Z20	N15　U30　Z40
N20　X25　Z60	N20　X−20　Z20	N20　X25　W20
N25　X0　Z0	N25　X−25　Z−60	N25　X0　Z0
N30　M30	N30　M30	N30　M30

2）坐标系设定指令 G92

数控程序中所有的坐标数据都是在编程坐标系中确定的，而编程坐标系并不和机床坐标系重合，所以在将工件装夹到数控车床上后，必须“告诉”数控车床程序数据所依赖的坐标系统，这就是工件坐标系。通过对刀取得刀位点数据后，便可由程序的指令 G92 设定工件坐标系。在执行了这一程序段后，机床控制系统内即建立一工件坐标系。其指令格式为：

G92　X_　Z_

说明：参数 X、Z 为对刀点到工件坐标系原点的有向距离。

该指令声明刀具起刀点（或换刀点）在工件坐标系中的坐标，通过说明这一参照点的坐标而创建工件坐标系。参数 X、Z 后的数值即为当前刀位点（如刀尖）在工件坐标系中的坐标，在实际加工以前通过对刀操作即可获得这一数据。换言之，对刀操作即是测定某一位置处刀具刀位点相对于工件原点的距离。一般地，在整个程序中有坐标移动的程序段前，应由此指令来建立工件坐标系（整个程序中全用 G91 方式编程时可不用 G92 指令）。

说明：在执行此指令之前必须先进行对刀，通过调整数控车床，将刀尖放在程序所要求的起刀点位置上；此指令并不会产生机械移动，只是让系统内部用新的坐标值取代旧的坐标值，从而建立新的坐标系。

在执行指令“G92　Xα　Zβ”后，系统内部即对(α,β)进行记忆，并建立一个使刀具当前点坐标值为(α,β)的坐标系，系统控制刀具在此坐标系中按程序进行加工。执行该指令只建立一个坐标系，刀具并不产生运动。G92 指令为非模态指令，执行该指令时，若刀具当前点恰好在工件坐标系的 α 和 β 坐标值上，即刀具当前点在对刀点位置上，则此时建立的坐标系即为工件坐标系，加工原点与程序原点重合。若刀具当前点不在工件坐标系的 α 和 β 坐标值上，则加工原点与程序原点不一致，加工出的产品就有误差，甚至会出现危险。因此执行该指令时，刀具当前点必须恰好在对刀点即工件坐标系的 α 和 β 坐标值上。由上可知，要正确加工工件，加工原点与程序原点必须一致，故编程时加工原点与程序原点考虑为同一点。实际操作时通过对刀使两点一致。

如图 7-10 所示，O 为工件原点，P_0 为刀具起始点，设定机床坐标系的指令为
G92　X300　Z480

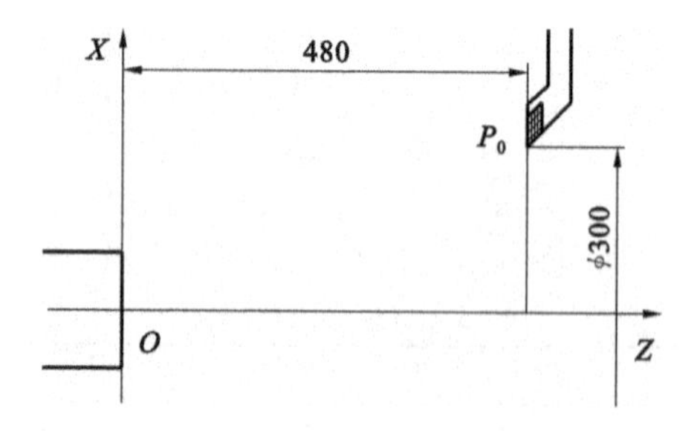

图 7-10　工件坐标系

执行此程序段后，系统内部对(300,480)进行记忆，并显示在显示器上，这就相当于系统内部建立了一个以工件原点为坐标原点的工件坐标系。

工件原点是设定在工件左端面中心还是设定在右端面中心，主要是根据工件图样上的尺寸是否能够方便地换算成坐标值来决定，以方便编程。下面以车削图 7-11 所示的阶梯轴为例介绍工件原点的设立。

设零件的尺寸为 ϕ40 mm×20 mm，现在车零件的外圆和端面（在程序中，我们不考虑 F、S、T、M 等功能）。如图 7-11(a)所示，如果将程序原点设在工件左端面的 O 点，车 ϕ40 mm 外圆端面时的程序如下。

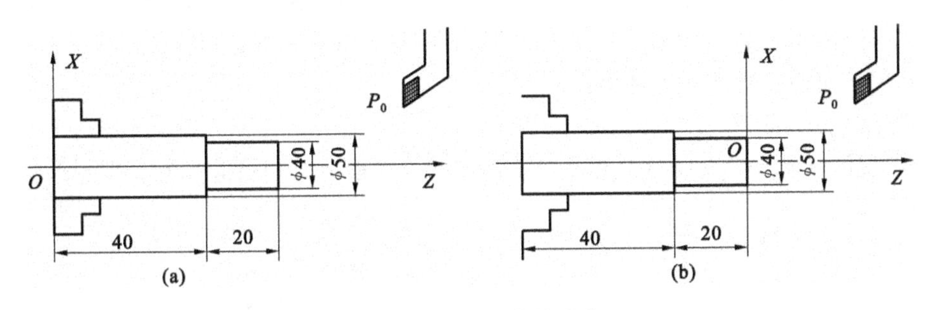

图 7-11　工件原点的确定

(a) 原点在左端面；(b) 原点在右端面

⋮

N150　G00　X46　Z60

N155　G01　X0

⋮

车 ϕ40 mm×20 mm 外圆时的程序如下。

⋮

N170　G00　X40　Z62

N175　G01　Z40

⋮

如图 7-11(b)所示，如果将原点设在工件右端面的 *O* 点，车 ϕ40 mm 端面时的程序如下。

⋮

N150　G00　X46　Z0

N155　G01　X0

⋮

车 ϕ40 mm×20 mm 外圆时的程序如下。

⋮

N170　G00　X40　Z2

N175　G01　Z－20

⋮

3) 工件坐标系选择指令 G54～G59

对于具有参考点设定功能的机床，还可用工件原点预置指令 G54～G59 来代替指令 G92 建立工件坐标系。系统先测定出欲预置的工件原点相对于机床原点的偏置值，并把该偏置值通过参数设定的方式预置在机床参数数据库中，因而该值无论断电与否都将一直被系统所记忆，直到重新设置为止。在工件原点预置好以后，便可用指令“G54　G00　X_　Z_”将刀具移到该预置工件坐标系中的任意指定位置，不需要再通过试切对刀的方法去测定刀具起刀点相对于工件原点的坐标，也不需要再使用 G92 指令了。很多数控系统都提供了 G54～G59 指令，用于实现预置 6 个工件原点的功能。

格式：G54～G59

说明：G54～G59 指令是数控系统预定的 6 个坐标系（见图 7-12），可根据需要任意选用。

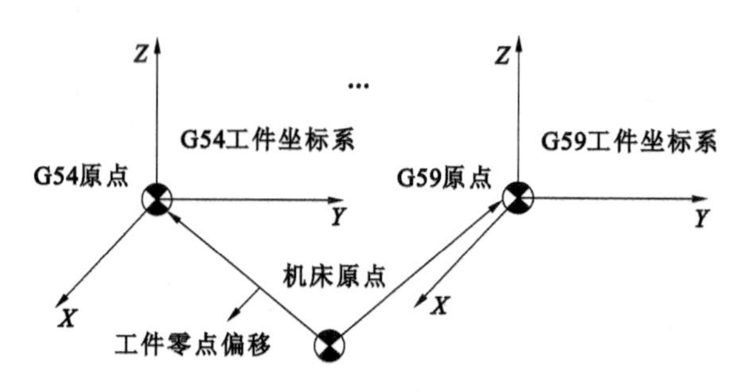

图 7-12 工件坐标系选择（G54～G59）

数控加工时，必须准确输入工件坐标系的原点在机床坐标系中的坐标值，否则加工出的产品就会有误差或报废，甚至出现危险。

这 6 个预定工件坐标系的原点在机床坐标系中的值（工件零点偏置值）可用 MDI 方式输入，系统会自动记忆此值。工件坐标系一旦选定，后续程序段中绝对编程时的指令值均为相对此工件坐标系原点的值。

G54～G59 指令为模态功能指令，可相互注销，G54 指令的坐标原点为默认值。

G54～G59 指令与 G92 指令之间的区别是：用 G92 指令时后面一定要跟坐标地址字；而用 G54～G59 指令时则不需要后跟坐标地址字，且可单独一行书写。若其后紧跟有地址坐标字，则该地址坐标字是附属于前次移动所用的模态 G 指令的，如 G00、G01 等。在运行程序时若遇到 G54 指令，则自此以后的程序中所有用绝对编程方式定义的坐标值均是以 G54 指令的零点作为原点的；如果再遇到新的坐标系设定指令（如 G92、G55～G59 等），新的坐标系设定将取代旧的坐标系。用 G54 指令建立的工件坐标系原点是相对机床坐标系原点而言的，在程序运行前就已设定好而在程序运行中是无法重置的；用 G92 指令建立的工件坐标系原点是相对于程序执行过程中刀具当前刀位点的，可通过编程来多次使用 G92 指令建立新的工件坐标系。

4）尺寸单位选择指令 G20、G21

格式：G20

G21

说明：G20 指令为英制输入制式；G21 指令为米制输入制式。在一个程序内，不能同时使用 G20、G21 指令，且必须在坐标系确定之前指定。G20、G21 指令为模态指令，可相互注销，G21 指令的值为默认值。

5）进给速度单位的设定指令 G94、G95

格式：G94　F_

　　　G95　F_

说明：G94 的值为每分钟进给量。对于线性轴，参数 F 的单位依 G20、G21 而设定为 mm/min 或 in/min；对于旋转轴，参数 F 的单位为(°)/min。G95 指令为每转进给量，即主轴转一转时刀具的进给量。参数 F 的单位依 G20、G21 而设定为 mm/r 或 in/r。这个功能只在主轴装有编码器时才能使用。G94、G95 为模态功能，可相互注销，G94 指令为默认值。

6）快速定位指令 G00

格式：G00　X(U)_　Z(W)_

说明：参数 X、Z 为绝对编程时，快速定位终点在工件坐标系中的坐标；参数 U、W 为相对编程时，快速定位终点相对于起点的位移量。

G00 指令是模态指令，它命令刀具以点定位控制方式从刀具所在点快速运动到下一目标位置。它的功能只是快速定位，无运动轨迹要求，也无切削加工过程。

G00 指令功能是令刀具相对于工件以各轴预先设定的速度，从当前位置快速移动到程序段指令的定位目标点。G00 指令中的快移速度由机床参数“快移进给速度”对各轴分别设定，不能用参数 F 设定。G00 指令一般用于加工前快速定位或加工后快速退刀。快移速度可由面板上的快速修调按钮修正。G00 为模态指令，可由 G01、G02、G03 或 G32 指令注销。如图 7-13 所示，使用 G00 编程，要求刀具从点 C 快速定位到点 B，采用绝对编程方式时，程序为

G00　X60　Z100

采用相对编程方式时，程序为

G00　U40　W80

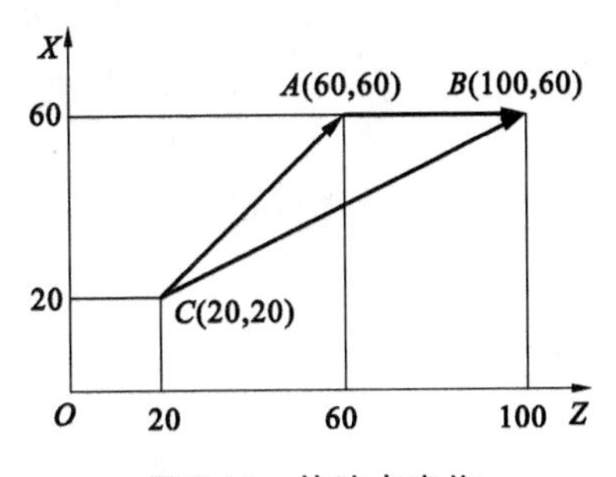

图 7-13　快速点定位

7）线性进给（直线插补）指令 G01

格式：G01　X(U)_　Z(W)_　F_

说明：G01 指令刀具以联动的方式，按 F 规定的合成进给速度从当前位置按

现行路线(联动直线轴的合成轨迹为直线)移动到程序段指定的终点。

其中,采用 G90 指令时,X、Z 为线性进给终点在工件坐标系中的坐标;采用 G91 指令时,X、Z 为线性进给终点相对于起点的位移量;采用 G90、G91 指令时,U、W 均为线性进给终点相对于起点的位移量。F 为合成进给速度。G01 是模态指令,可由 G00、G02、G03 或 G32 指令注销。

8) 圆弧插补指令 G02、G03

(1) 圆弧顺逆方向的判断　圆弧插补指令分为顺时针圆弧插补指令(G02)和逆时针圆弧插补指令(G03)。圆弧插补的顺逆方向判别方式为:沿与圆弧所在平面(如 *OXZ* 平面)垂直的坐标轴从正方向(+*Y*)向负方向(−*Y*)看去,顺时针方向为 G02,逆时针方向为 G03。

(2) G02、G03 指令的格式　G02、G03 指令不仅要指定圆弧的终点坐标,还要指定圆弧的圆心位置。指定圆弧圆心位置有两种方法。

① 用参数 I、K 指定圆心位置,格式为

G02/G03　X(U)__　Z(W)__　I__　K__　F__

② 用圆弧半径参数 R 指定圆心位置,格式为

G02/G03　X(U)__　Z(W)__　R__　F__

(3) 注意事项

① 采用绝对编程方式时,用参数 X、Z 表示圆弧终点在工件坐标系中的坐标值。采用相对编程方式时,用参数 U、W 表示圆弧终点相对于圆弧起点的增量值。

② 参数 I、K 为圆弧起点到圆弧中心所作矢量分别在 *X*、*Z* 轴方向上的分矢量(矢量方向指向圆心)。本系统的参数 I、K 为相对坐标,当分矢量方向与坐标轴的方向一致时为正值,反之为负值。

③ 用半径参数 R 指定圆心位置时,由于在同一半径 R 的情况下,从圆弧的起点到终点有两种圆弧,因此在编程时规定,圆心角小于或等于 180°的圆弧参数 R 值为正,圆心角大于 180°的圆弧参数 R 值为负。

④ 程序段中同时给出参数 I、K 和 R 时,参数 R 有效,参数 I、K 无效。

⑤ G02、G03 用半径指定圆心位置时,不能描述整圆,只能使用分矢量编程。

应用 G02 插补指令对图 7-14 所示 *R*10 圆弧编程。

方法一:用参数 I、K 指定圆心位置编程。

```
⋮
N0060   G00   X20   Z2
N0065   G01   Z−30   F300
N0070   G02   X40   Z−40   I10   K0   F150
⋮
```

方法二:用圆弧半径参数 R 指定圆心位置编程。

⋮

N0070　G01　Z—30　F300

N0075　G02　X40　Z—40　R10　F150

⋮

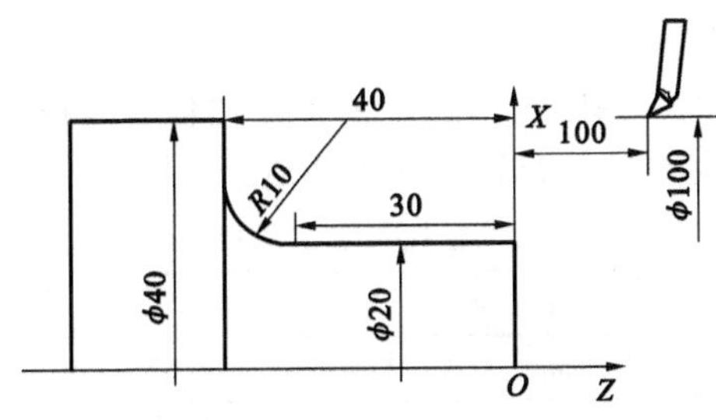

图 7-14　顺时针圆弧插补

9）螺纹切削指令 G32

格式：G32　X_　Z_　F_

说明：参数 X、Z 为螺纹加工终点在 X、Z 轴的坐标值，可以为正值，也可为负值；参数 F 为螺纹导程，可加工左旋螺纹，也可加工右旋螺纹。

普通外螺纹加工中，每刀切削深度要逐一给定。在编写程序时，车刀的切入、切出、返回相关参数均应编入程序中。

螺纹加工的数值计算如下。

螺纹大径为

$$d = d_{公称} - 0.1 \times P$$

螺纹小径为

$$d_1 = d_{公称} - 0.65 \times P \times 2$$

例如螺纹 M24×2 的大径 d、小径 d_1 的尺寸，可以根据以上公式及表 7-6 计算：

$$d = d_{公称} - 0.1 \times P = (24 - 0.1 \times 2)\ \text{mm} = 23.8\ \text{mm}$$

$$d_1 = d_{公称} - 0.65 \times P \times 2 = (24 - 0.65 \times 2 \times 2)\ \text{mm} = 21.4\ \text{mm}$$

表 7-6　常用米制螺纹切削进给次数与吃刀量

螺距 P/mm		1.0	1.5	2	2.5	3
牙深(半径量)/mm		0.649	0.974	1.299	1.624	1.949
切削次数及吃刀量(直径量)/mm	1 次	0.7	0.8	0.9	1.0	1.2
	2 次	0.4	0.6	0.6	0.7	0.7
	3 次	0.2	0.4	0.6	0.6	0.6
	4 次	—	0.16	0.4	0.4	0.4
	5 次	—	—	0.1	0.4	0.4
	6 次	—	—	—	0.15	0.4
	7 次	—	—	—	—	0.2

（三）数控加工工艺知识

1. 数控加工工艺文件

数控加工工艺文件主要包括数控加工工艺规程卡、工序卡和刀具使用卡。

1）数控加工工艺规程卡

数控加工工艺规程卡是数控加工工艺文件的重要组成部分。它规定了工序内容、加工顺序、使用设备、刀具等，如表 7-7 所示。

表 7-7　数控加工工艺规程卡

<table>
<tr><td>零件号</td><td colspan="2"></td><td>零件名称</td><td colspan="2"></td><td colspan="2">材料</td><td colspan="2"></td></tr>
<tr><td>程序编号</td><td colspan="2"></td><td>产品型号</td><td colspan="2"></td><td colspan="2">制表日期</td><td colspan="2"></td></tr>
<tr><td rowspan="2">工序号</td><td rowspan="2">工步</td><td rowspan="2">加工面</td><td rowspan="2">刀具号</td><td colspan="2">刀具</td><td rowspan="2">主轴
转速</td><td rowspan="2">进给
速度</td><td rowspan="2">补偿量</td><td rowspan="2">备注</td></tr>
<tr><td>编号</td><td>规格</td></tr>
<tr><td>1</td><td></td><td></td><td></td><td></td><td></td><td></td><td></td><td></td><td></td></tr>
<tr><td>2</td><td></td><td></td><td></td><td></td><td></td><td></td><td></td><td></td><td></td></tr>
</table>

2）数控加工工序卡

数控加工工序卡是编制数控加工程序的重要依据之一，应按已确定的工步顺序编写。数控加工工序卡的内容包括工步号、工步内容、刀具名称等，如表 7-8 所示。

表 7-8　数控加工工序卡

<table>
<tr><td rowspan="2">单位名称</td><td rowspan="2"></td><td>产品名称</td><td>零件名称</td><td>零件图号</td></tr>
<tr><td></td><td></td><td></td></tr>
<tr><td>工序号</td><td>程序编号</td><td>夹具名称</td><td>使用设备</td><td>车间</td></tr>
<tr><td></td><td></td><td></td><td></td><td></td></tr>
<tr><td colspan="5">工序简图：

</td></tr>
</table>

（3）刀具使用卡。

刀具使用卡记录了完成一个零件加工所需的全部刀具，主要包括刀具名称、编号、规格、尺寸、补偿号等内容，如图 7-9 所示。

表 7-9　刀具使用卡

<table>
<tr><td>产品名称</td><td colspan="2"></td><td>零件名称</td><td colspan="2"></td><td>零件图号</td><td></td></tr>
<tr><td>序号</td><td>刀具号</td><td>数量</td><td>刀具规格</td><td>加工表面</td><td>刀尖
半径</td><td>刀尖
方位</td><td>备注</td></tr>
<tr><td>1</td><td></td><td></td><td></td><td></td><td></td><td></td><td></td></tr>
<tr><td>2</td><td></td><td></td><td></td><td></td><td></td><td></td><td></td></tr>
</table>

2. 工艺分析的内容与步骤

1）工件装夹与找正

正确、合理地选择工件的定位与夹紧方式，是保证零件加工精度的必要条件。

选择定位基准，要力求使设计基准、工艺基准与编程计算基准统一，减小基准不重合误差和减少数控编程中的计算工作量，并尽量减少装夹次数；在多工序或多次安装中，要选择相同的定位基准，以保证零件的几何精度，还要保证定位准确、可靠，夹紧机械简单，且操作简便。

常用的装夹方法有自定心卡盘装夹和两顶尖装夹两种。

（1）自定心卡盘装夹　用这种方法装夹工件方便、省时、自动定心性能好，但夹紧力较小，适用于装夹外形规则的中小型工件。自定心卡盘可安装成正爪或反爪两种形式，反爪形式安装用来装夹直径较大的工件。

（2）两顶尖装夹　用这种方法装夹工件时不需找正，每次装夹的精度高，适用于长度尺寸较大或加工工序较多的轴类工件装夹。

2）工艺路线确定

工艺路线确定包含工序划分和工序顺序安排两部分内容。

工序的划分要遵循以下原则。

（1）以一次安装工件所进行的加工为一道工序。将几何精度要求较高的表面加工安排在一次安装下完成，以免多次安装所产生的安装误差影响几何精度。

（2）以粗、精加工划分工序。粗、精加工分开可以提高加工效率，对于容易发生加工变形的零件，更应将粗、精加工分开。

（3）以同一把刀具加工的内容划分工序。根据零件的结构特点，将加工内容分成若干部分，每一部分用一把典型刀具加工，这样可以减少换刀数和空行程时间。

（4）以加工部位划分工序。根据零件的结构特点，将加工的部位分成几个部分，每一部分的加工内容作为一个工序。

工序顺序安排要遵循如下原则。

（1）基面先行　先加工定位基准面，以减小后面工序的装夹误差。如轴类零件，先加工中心孔，再以中心孔为精基准加工外圆表面和端面。

（2）先粗后精　先对各表面进行粗加工，然后再进行半精加工和精加工，逐步提高加工精度。

（3）先近后远　先加工离对刀点近的部位，后加工离对刀点远的部位，以缩短刀具移动距离，减少空行程时间，同时有利于保持工件的刚度，改善切削条件。

（4）内外交叉　先进行内、外表面的粗加工，后进行内、外表面的精加工。不能加工完内表面后，再加工外表面。

3）切削用量确定

切削用量包括切削速度、进给量和切削深度。数控加工时对同一加工过程选用不同的切削用量，会产生不同的切削效果。合理的切削用量应能保证工件的质量要求（如加工精度和表面粗糙度），在切削系统强度和刚度允许的条件下充分利用机床功率，最大限度地发挥刀具的切削性能，并保证刀具有一定的使用寿命。

选择切削用量一般应遵循以下原则。

（1）粗车时切削用量的选择。粗车时一般以提高生产率为主，兼顾经济性和加工成本。提高切削速度、加大进给量和背吃刀量都能提高生产率。其中切削速度对刀具寿命的影响最大，背吃刀量对刀具寿命的影响最小，所以考虑粗加工切削用量时，首先应选择一个尽可能大的背吃刀量，其次选择较大的进给速度，最后在刀具使用寿命和机床功率允许的条件下选择一个合理的切削速度。

（2）精车、半精车时切削用量的选择。精车和半精车的切削用量要保证加工质量，兼顾生产率和刀具的使用寿命。精车和半精车的背吃刀量是根据零件加工精度和表面粗糙度要求，以及粗车后留下的加工余量决定的，一般情况是一次去除余量。精车和半精车的背吃刀量较小，产生的切削力也较小，所以可在保证表面粗糙度的情况下，适当加大进给量。

数控车削加工常用刀具材料、工件材料与切削用量的关系如表 7-10 所示。

表 7-10　切削用量推荐值

零件材料及毛坯尺寸/mm	加工内容	背吃刀量 a_p/mm	主轴转速 n/(r/min)	进给速度 f/(mm/r)	刀具材料
45 钢坯料，外径 $\phi20\sim\phi60$ 内径 $\phi13\sim\phi20$	粗加工	1～2.5	300～800	0.15～0.4	硬质合金（YT 类）
	精加工	0.25～0.5	600～1000	0.08～0.2	
	切槽、切断（切刀宽 35）		300～500	0.05～0.1	
	钻中心孔		300～800	0.1～0.2	高速钢
	钻孔		300～500	0.05～0.2	高速钢

三、任务分析

手锤把零件图样如图 7-15 所示。

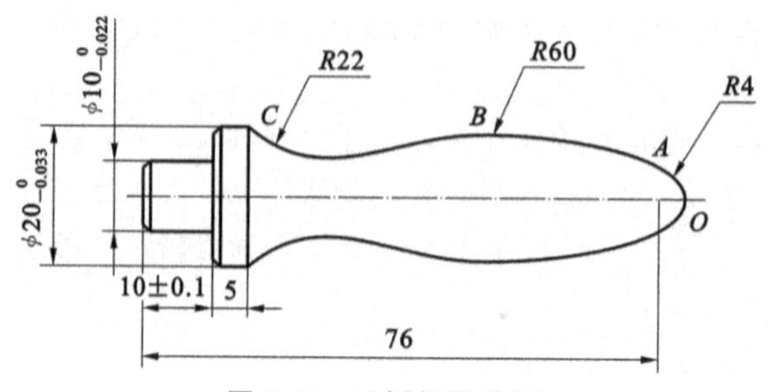

图 7-15　手锤把零件图

加工手锤把零件时，主要要完成数控车床的检查及开机、回参考点等操作，

按程序格式输入程序，进行程序图形校验，正确安装工、夹、刀具，正确对刀，检查刀具等操作，加工内容包括外圆、长度、圆弧、倒角等。

四、任务准备

准备好 CNC6135A 型数控车床、游标卡尺(0.02 mm/(0～150)mm)、外径千分尺(0.01 mm/(0～25)mm)、外径千分尺(0.01 mm/(25～50)mm)、内六角扳手、卡盘扳手、45 钢毛坯件(ϕ30 mm×300 mm)。

五、任务实施

1. 零件图样分析

根据零件图样要求，确定毛坯和加工顺序。

1) 工件夹装

手锤把零件毛坯尺寸为 ϕ30 mm×300 mm，中心线为工艺基准，用自定心卡盘夹持 ϕ30 mm 外圆，使工件伸出卡盘 110 mm，一次装夹，完成粗、精加工。

2) 加工顺序

首先假定已完成圆弧及外圆的粗车，留 0.5 mm 精加工余量，从右向左精车圆弧及外圆，达到尺寸要求。

3) 选择机床设备及刀具

根据零件图样要求，选 CNC6135A 型数控车床。根据加工要求，编写刀具使用卡，如表 7-11 所示。

表 7-11　手锤把零件刀具使用卡

产品名称			零件名称			零件图号	
序号	刀具号	数量	刀具规格	加工表面	刀尖半径/mm	刀尖方位	备注
1	T01	1	90°外圆车刀，刀尖角 55°	车右端面，精加工右端各外圆及圆弧	0.2	3	
2	T02	2	外圆切刀，刀宽≤4 mm	切槽(ϕ10 mm×10 mm)、倒角及切断			

通过零件图样分析可知，加工内容包括：右端面加工，粗加工外圆和圆弧，精加工右端外圆及圆弧，切槽(ϕ10 mm×10 mm)，倒角以及切断。

4) 确定切削用量

切削用量的具体数值应根据数控车床性能，相关的工艺手册并结合实际经验用类比方法确定，切削用量推荐值如表 7-10 所示。

5) 确定工件坐标系、对刀点和换刀点

确定以工件的右端面与轴心线的交点 O 为工件原点，建立工件坐标系，采用手动试切对刀方法，把点 O 作为对刀点。假设换刀点设置在工件坐标系下 $X=150$、$Z=150$ 处，数控加工工序卡如表 7-12 所示。

表 7-12　手锤把零件数控加工工序卡

工步号	工步内容（加工面）	刀具号	刀具规格	主轴转速/$(r\cdot min^{-1})$	进给量/$(mm\cdot r^{-1})$	背吃刀量/mm
1	车削右端面	T01	90°外圆车刀，刀尖角 55°			
2	粗加工右端各外圆及圆弧	T01				
3	精加工右端各外圆及圆弧	T01				
4	切槽 ϕ10 mm×10 mm	T02	外圆切刀，刀宽≤4 mm			
5	倒角及切断	T02				

6）基点运算

基点运算如表 7-13 所示。

表 7-13　切削加工的基点计算值

基点	O	A	B	C
X/mm	0	4	16	10
Z/mm	0	−4	−41	−61

7）程序编制

编制程序 O0030（内容省略）。

2. 操作步骤

（1）工件装夹。毛坯尺寸为 ϕ30 mm×300 mm，用自定心卡盘夹持 ϕ30 mm 外圆，使工件伸出卡盘 120 mm。

（2）刀具装夹。将 90°硬质合金外圆车刀装在 1 号刀位，刀具号为 T01；将外圆切刀装在 2 号刀位，刀具号为 T02。

（3）对刀。

（4）将程序 O0030 输入并调试。

（5）自动运行程序，完成加工。

六、质量检查

根据表 7-14 对任务完成质量进行检查。

表 7-14　评分表

序号	检测项目		技术要求	配分	评分标准	检查结果	得分
1	机床操作		正确开机、检查和润滑	2	不正确无分		
2			回机床参考点	2			
3			按程序格式输入程序	2			
4			程序图形校验	2			
5			工、夹、刀具的正确安装	2			
6			正确对刀操作	4			
7			检查刀具	2			
8	尺寸与技术要求	外圆	$\phi20_{-0.033}^{\ 0}$ mm，表面粗糙度(Ra)，3.2 μm	10	超差 0.01 扣 2 分，表面质量降级不得分		
9		外圆	$\phi10_{-0.022}^{\ 0}$ mm，表面粗糙度(Ra)，3.2 μm	10			
10		长度	(10±0.1) mm，表面粗糙度(Ra)，3.2 μm	10			
11		圆弧	R4 mm	6	超差不得分		
12		圆弧	R22 mm	6			
13		圆弧	R60 mm	6			
14		倒角	C1，2 处	6			
15	编程		程序正确	10	酌情减分		
16	安全操作规程		遵守相关规程	10	一次扣 5 分		
17	学习态度		遵守学习纪律，不迟到，不早退，学习认真	10	酌情减分		
总分				100	得分		

七、任务评价

根据表 7-15 进行任务评价。

表 7-15　任务评价表

学习小结：

考核内容	考核要求	分值	学生自评	教师评分
学习态度	遵守学习纪律，不迟到，不早退，学习认真	10		
安全文明生产	正确执行安全文明操作规程，场地整洁，工件和工具摆放整齐	10		
机床操作	按评分表要求	16		
零件加工	按评分表要求	54		
编程	程序正确	10		
合计		100		

教师寄语：

参考文献

[1] 张力重,王志奎.图解金工实训[M].武汉:华中科技大学出版社,2008.

[2] 张瑞东,牛建国.金工技能实训[M].北京:中国电力出版社,2008.

[3] 罗玉福.金工实训[M].北京:北京航空航天大学出版社,2007.

[4] 陈明.金工实训[M].北京:科学出版社,2012.

[5] 叶伯生,戴永清.数控加工编程与操作[M].2版.武汉:华中科技大学出版社,2008.

[6] 马莉敏.数控机床编程与加工操作[M].武汉:华中科技大学出版社,2005.

[7] 刘世平,贝恩海.工程训练(制造技术实习部分)[M].武汉:华中科技大学出版社,2008.

[8] 中国就业培训技术指导中心.铣工·初级[M].北京:中国劳动社会保障出版社,2013.

[9] 彭显平.铸造技能基础实训[M].长沙:中南大学出版社,2010.